JMP 통계분석 총서 11 · · · · · · · · CD포함

JMP를 이용한 비모수 통계

송일성 지음

JMP

JMP 총서는 계속 발간 됩니다

KyoWooSa 敎友社

책머리에

JMP는 1989년, SAS Institute Inc.에 의해 그 첫 판이 발표된 자료 분석용 통계패키지 프로그램이다. JMP는 SAS시스템의 한 부분이 아니며 SAS의 간략한 버전 또한 아닌 독립적인 제품이다. JMP는 탐색적 그래픽 인터페이스 화면과 함께 자료 분석을 수행한다. 따라서 JMP는 매우 배우기 쉬우면서도 유용한 분석결과를 제공한다.

이 책은 敎友社에서 기획하고 있는 'JMP 통계분석 총서' 중 비모수통계 편이다. 『JMP를 이용한 비모수통계』는 비모수적 방법론 중에서 위치모수에 관한 검정, 분포에 관한 적합도 검정, 범주형 자료의 분석, 실험설계 분석, 연관성 측도 및 선형회귀 분석 등, JMP로 분석 가능한 내용을 위주로 하여 그 이론적 배경과 함께 통계패키지 JMP의 활용방법을 다루었다. 부록에는 'JMP 사용법'을 두어 이 책을 공부하는 데 꼭 필요한 JMP의 사용 방법에 대해 간략히 소개하였다.

비모수적 통계방법은 모집단의 정규성에 근거한 모수적 통계방법과 비교된다. 모수적 통계방법은 그 이론의 화려함과 함께 여러 분야에서 많은 연구자들의 자료 분석 도구로 활용되고 있다. 그러나 아무리 화려한 옷이라 하더라도 그 옷에 걸맞는 체형에 어울리듯이, 우리가 수집한 표본의 모집단이 정규분포일 때 비로소 모수적 방법의 효용이 커지게 된다. 비모수적 방법은 모분포에 대한 정규성의 가정을 필요로 하지 않으며 계산이 단순하고 적용이 간편하여 모수적 방법의 대용으로 많이 쓰이게 된다. 이 책이 비모수적 방법론에 대한 이해가 부족한 학생이나 실무자들에게 많은 도움이 될 것을 희망하며, 출판을 맡아준 敎友社에 감사한 마음을 전한다.

2007년 8월

저자

JMP를 이용한

비모수 통계

CONTENTS

chapter 4 쌍체표본의 위치 문제

chapter 5 분포에 관한 적합도검정

chapter 6 범주형 자료분석

chapter 7 일원설계에 관한 비모수적 방법

1 비모수통계 개요

CHAPTER

1 비모수통계란 무엇인가?

전통적으로 사용해온 통계적 추론방법은, 표본이 추출된 확률분포(또는 모집단)가 어떤 형태(정규분포, 이항분포 등)라고 알고 있는 경우에 이들 분포를 구체적으로 결정짓는 미지의 모수에 관한 추정이나 검정이었다. 이렇게 분포의 형태에 관한 지식은 있으나 구체적인 모수를 모를 때 행하는 추론방법을 통계학에서는 모수적 방법이라 한다. 그러나 때로는 모집단의 분포가 정규분포를 따른다고 보기가 어려울 수도 있고, 또는 분포의 형태에 대해 전혀 가정이 불가능할 수도 있다. 그러면 이런 경우에는 어떻게 통계적 추론을 할 수 있을까? 분포의 군에 관한 가정이 없고, 따라서 모수에 의해 추론이 가능하지 못하면 모수적 방법으로는 추론이 가능하지 못할 것이다. 이와 같이 분포의 형태에 대한 가정을 완화하며 모수를 매개로 하지 않는 방법을 비모수적 방법 또는 분포무관 방법이라 한다.

모수적 방법에 의한 추론은 표본이 가정된 분포군에서 나왔을 때 유효한 것이다. 예를 들어 t-검정에서 우리는 표본이 정규분포를 따른다고 가정하며 이로부터 원하는 정도의 유의수준으로 가설검정을 실시할 수 있게 된다. 대부분의 모수적 방법들은 정규분포의 가정을 필요로 하고 있다. 만약에 이들의 분포가 정규분포가 아니라면 우리는 어떤 과오를 범하게 되는가? 유의수준이 $\alpha = 0.05$라고 생각했을 때 실제의 검정은 $\alpha = 0.20$일 수도 있을 것이다. 즉 우리가 생각한 것보다 제 1종 과오를 실제로 범하는 확률이 4배나 된다면 통계적 추론은 틀린 것이 된다. 왜냐하면 통계적 추론은 우리가 받아들일 수 있는 정도의 확률로 과오를 범해야 이를 과학적이라고 할 수 있기 때문이다. 아무렇게나 내린 결론(즉 통계적이 아닌)은 객관적 판단을 가능하게 해 주는 신뢰성의 척도가 없는 것이다. 바로 이 점이 점쟁이의 예언과 통계적 추론이 다른 점임을 알아야 한다. 점쟁이도 예측은 하지만 자기가 범할 과오가 어느 정도인지를 말할 수는 없다.

물론 우리가 보지 못한 모집단의 분포가 정확히 정규분포라고 단정하기는 불가능하다. 그러나 많은 경우에 경험으로부터, 혹은 데이터의 분석으로 정규분포가 적절하다고 할 수 있을 때가 많다. 다시 말해 정확히는 정규분포가 아니더라도 이와 상당히 유사한 분포라면 결과에(즉 유의수준이나 신뢰계수 등에) 큰 차이가 없어 별로 문제가 되지 않을 것이다. 이렇게 분포의 가정이 약간 빗나가더라도 추론에 영향을 미치지 않는 방법을 로버스트 방법이라고 하며 최근에 활발히 연구되고 있다.

그러나 데이터의 분석으로나 이론적 배경에서 분명히 정규분포와는 아주 딴판인 분포형태라고 생각했을 때에는 추론의 방법은 정규성에 의존할 수가 없을 것이다. 모수적 추론은 분포의 형태에 대한 가정으로 시작되며 따라서 주어진 형태의 분포가 옳다면 이에 따른 방법은 가장 좋은 것이 될 것이다. 예를 들어 소나무를 자르기 위해 고안된 톱은 소나무 자르기에 가장 좋은 것일 텐데 만약 이러한 톱으로 벽돌을 자르고자 한다면 이의 효용이 좋지 못할 것이다. 벽돌을 자르는 톱날은 이와는 다르게 별도의 재료로 만들어진 것으로 목적과 대상에 맞게 만들어졌을 것이다. 정규분포를 가정한 추론에 쓰이는 방법은 이와 같이 소나무를 자르는 데 가장 좋은 톱이라고 한다면, 비모수적 방법은 자르고자 하는 대상이 어떤 재료이건 쓰일 수 있는 톱으로 보면 된다. 즉 이러한 만능의 톱은 소나무를 자르기 위해 쓰이기에는 너무 비용이 크던지 또는 힘이 너무 많이 들어가는 단점이 있을 것이다. 통계적 추론에서는 이런 상황을 상대적 효율이 떨어진다고 표현한다.

예로, 가설검정에서 주어진 분포가 정규분포일 때 t-검정을 사용하지 않고 앞으로 소개될 비모수적 방법을 사용한다면 당연히 효율이 떨어질 것이다. 검정에서는 이러한 효율을 검정력으로 나타내고 있다. 검정력이란 대립가설이 옳은 경우 대립가설을 받아들이는 확률이다. 일반적으로 정규분포일 때 이러한 비모수적 방법을 사용한다면 효율 즉 검정력의 감소를 가져온다. 이는 또 다른 측면에서 같은 검정력의 수준을 유지하기 위해서는 필요한 표본의 수가 늘어난다는 이야기이며, 이는 즉 비용의 증가를 의미한다. 반면에 분명히 정규분포와는 아주 딴 판인 분포에서 표본이 나왔을 때 정규분포에 근거한 방법으로 검정했다면 결과는 유의수준으로 생각한 것과는 전혀 달라 중대한 오류를 범할 수 있을 것이다. 이런 경우에는 비모수적 방법을 사용하여 효율을 높여야 할 것이다. 이러한 비모수적 방법의 특성은 다음과 같다.

- 이들은 일반적으로 모수적 방법에 비해 분포의 가정이 완화되거나 또는 가정이 거의 없이 쓰인다.
- 대부분의 비모수적 방법은 실제의 양적 관측 값에 의존하지 않고 이들의 상대적 평가에 의존한다. 가령 물건의 선호도를 생각한다면, 선호도란 물리적이나 양적 측정과는 달라 절대적 단위가 없고 상대적인 순위만으로 관측될 것이다. 즉 이렇게 상대적인 평가나 순위로 된 데이터만 있을 때에도 사용 가능하다.
- 추론과정에서의 계산이 모수적 방법보다는 훨씬 단순하다. 비모수적 방법에서는 일반적으로 관측 값의 부호나 상대적 순위를 사용하므로 이들의 계산은 실측값에 의한 것보다 쉽다.
- 대부분의 비모수적 방법은 일반적으로 사용자가 이의 논리를 스스로 발견하게 하는 것으로 이해하기가 쉽고, 사용자가 자신의 문제에 적합한 새로운 비모수적 방법을 개발할 수 있도록 도와준다.
- 많은 경우에 정규분포에 근거한 모수적 방법과 비교했을 때 주어진 표본이 정규분포를 따를 때에도 검정력에 큰 손실이 없으며 정규분포와 판이한 분포일 경우에는 이의 검정력은 정규분포에 근거한 방법보다 크다.

이와 같이 비모수적 방법은 실제 사용자가 생각하는 것보다도 많은 장점을 지니고 있으며 사회과학에서는 앞으로 많이 쓰여야 할 도구이다.

대부분의 비모수적 방법은 실제의 양적 관측 값에 의존하지 않고 순위(rank)라고 하는 이들의 상대적 평가에 의존한다. N개의 관측 값을 오름차순으로 늘어놓았을 때 가장 작은 값의 순위는 1, 그 다음은 2, …, 등으로 순위를 부여하여 이용하게 된다.

비모수적 방법에 의한 검정을 실시할 경우 모분포의 비대칭도나 꼬리의 두터운 정도 등에 대한 어느 정도의 정보가 있으면 순위를 적절히 변환하여 이러한 분포에 효율적인 비모수적 방법을 사용할 수 있다. 이때 순위를 변환하여 얻어진 값을 순위점수(rank score)라고 하며 순위의 감소하지 않는 함수가 되어야 한다. 자주 사용되는 순위점수로는 윌콕슨 순위점수, 중앙값 순위점수, 정규분포형 순위점수, 새비지 순위점수 등이 있다.

2 검정의 효율

주어진 가설을 검정하기 위한 검정법이 두 개 이상 존재할 때 우리는 이들 상호간의 검정의 효율을 생각하게 된다. 앞에서도 설명했듯이 검정에서의 효율은 검정력으로 나타내고 있다. 검정력이란 대립가설이 옳은 경우 대립가설을 받아들이는 확률로서 이는 대립가설의 형태, 유의수준, 표본의 크기 및 모분포의 형태에 의해 결정된다.

동일한 대립가설과 동일한 귀무가설을 검정하기 위한 두 가지의 검정법 T_1과 T_2가 있을 때, 이들 검정법의 효율을 비교하기 위한 첫 번째의 척도로 상대효율을 생각할 수 있다. 상대효율은 유의수준과 모분포가 동일한 조건하에서 같은 수준의 검정력을 얻기 위하여 필요한 표본크기의 비율을 나타낸다. 즉,

$$T_1\text{의 } T_2\text{에 대한 상대효율} = n_2 / n_1$$

여기서 n_1과 n_2는 각각 검정법 T_1과 T_2에서 필요로 하는 표본의 크기이다.

예제 1.1

동일한 대립가설과 동일한 귀무가설을 검정하기 위한 두 가지 검정법 T_1, T_2에 대해, 유의수준 $\alpha = 0.01$과 검정력 $= 0.86$을 유지하는 데 필요한 표본크기가 각각 $n_1 = 75$, $n_2 = 50$이면, 상대효율은 다음과 같이 계산된다.

$$\text{상대효율}(T_1,\ T_2) = \frac{50}{75} = 0.67$$

$$\text{상대효율}(T_2,\ T_1) = \frac{75}{50} = 1.5$$

즉, 검정법 T_2가 검정법 T_1보다 1.5배 효율이 좋다고 말할 수 있다.

예제 1.2

유의수준 $\alpha = 0.05$에서 검정력 $= 0.7$을 얻는데 필요한 검정법 T_1의 표본크기가 $n_1 = 40$이다. T_1의 T_2에 대한 상대효율이 0.75일 때, 검정법 T_2로 검정하기 위한 표본의 크기는 다음과 같다.

$$상대효율(T_1,\ T_2) = \frac{n_2}{n_1}이므로,\ 0.75 = \frac{n_2}{40},\ \therefore n_2 = 30$$

상대효율의 계산은 모분포를 동일하게 유지시킨 상황에서 유의수준 및 검정력의 크기를 고정된 값으로 설정하고, 대립가설도 단순대립가설로 설정된 경우에만 계산이 가능하게 된다. 따라서 실제 상황에서 두 검정법을 비교하기에는 어려움이 많다. 이러한 문제를 해결할 수 있는 비교 방법으로 근사상대효율을 생각할 수 있다.

동일한 모분포에서 복합대립가설을 검정하기 위한 두 가지 검정법을 생각하자. 이때 유의수준은 고정시키고 동일하게 유지시킨다. 일반적으로 표본의 크기가 늘어남에 따라 검정력이 향상하게 되나, 표본크기의 변화에 따라 대립가설에서 설정된 모수값을 귀무가설 쪽으로 이동시키면 검정력을 일정수준으로 유지시킬 수 있다. 여기서 비교하고자 하는 두 번째 검정법이 첫 번째 검정법과 유의수준 및 검정력에 있어서 같은 수준으로 유지되도록 하기 위한 표본의 크기를 n_2라고 할 때, 첫 번째 검정법의 표본크기 n_1이 무한대로 커짐에 따라 유의수준 및 검정력에 관계없이 표본크기의 비율 n_2/n_1가 일정한 값에 접근하면 이 극한값을 T_1의 T_2에 대한 근사상대효율(asymptotic relative efficiency)이라 하며 $ARE(T_1,\ T_2)$로 표현한다.

3 가설검정의 일반적 절차

가설검정이란 주어진 대립가설에 대해 표본을 통해 채택여부를 결정짓는 것으로 일반적으로 몇 가지 절차를 거쳐 수행하게 된다.

첫째는 가설의 설정이다. 물론 대립가설이라는 주장에 대한 검정이므로 대립가설을 정해야 하는데 연구자가 새로이 내세우는 주장에 해당한다. 이에 따라 대립가설이 충분히 입증되지 못했을 때 원래의 상태 또는 현재 믿어지고 있는 통념이 그대로 남게 되는데 이러한 귀무가설도 적절히 설정되어 있어야 한다.

둘째는 귀무가설이 사실일 때 이를 기각하고 대립가설을 받아들이는 제 1종의 과오를 범하는 확률 α를 정하는 일이다. 제 1종의 과오에서 오는 오판의 결과가 어떠한 영향을 미치는지를 판단하여 이에 맞게 유의수준 α를 정한다. 일반적인 문제에서 많은 사람들이 $\alpha=0.05$ 또는 $\alpha=0.01$ 등을 사용하는데, 이의 해석은 0.05인 경우를 생각한다면 대립가설 H_1이 사실이 아닐 때(즉 귀무가설 H_0가 사실일 때), 이를 받아들이는 일이 20번에 한번 꼴로 생길 수 있음을 말하고 있다. 가령 새로운 백신이 현재 사용되는 백신보다 좋다는 대립가설이 검정되는 문제에서 $\alpha=0.05$는 더 좋지 않은 새 백신을 더 좋은 것으로 믿는 잘못을 범하는 확률이므로 이와 같은 오판의 심각성을 생각하여 설정한다. 즉 새로운 백신의 생산 공정의 투자와 이의 보급에는 막대한 경제적 투자가 따르는 것이므로 유의수준 α는 너무 커서는 곤란하겠다. 반면에 초등학교 학생의 체중이 커졌다는 대립가설은 혹시 잘못 받아지더라도 백신의 경우와 같은 손실을 초래하지 않을지도 모르므로 유의수준 $\alpha=0.10$으로도 무난할 수 있겠다. 물론 가설검정의 목적과 이에 따른 결과의 영향 등이 세심히 고려된 후 유의수준 α가 정해져야할 것이다.

셋째는 검정에 사용되는 통계량을 정해야 한다. 이를 검정통계량이라 하는데 일반적으로 가설에 관련된 모수가 있다면 이 모수의 최량추정량이 역시 검정통계량으로 쓰이게 되며 비모수검정의 경우에는 순위를 이용하는 것이 대부분으로 이 때 얻어진 검정통계량은 귀무가설과 대립가설 하에서 상반된 행태를 나타내도록 정해야 한다.

넷째는 검정통계량의 값에 따라 가설의 채택 또는 기각이 결정되는 기준을 만들어야 하는데, 이 때 귀무가설의 기각을 결정하는 영역을 기각역이라고 한다. 즉 검정통계량의 값이 표본으로 계산되었을 때 이 값이 기각역에 속하면 귀무가설 H_0를 기각하고 대립가설 H_1을 채택하게 된다. 이러한 기각역은 일반적으로 구간형태이므로 이 구간을 정해주는 구간의 끝점을 찾게 된다. 이 끝점을 임계값이라 부른다. 기각역의 형태는 대립가설의 형태에 따라 정해지고, 임계값은 검정통계량의 분포와 유의수준 α에 의존한다.

끝으로 검정통계량의 값을 계산하여 이 값이 기각역에 속하는지 또는 그렇지 않은지를 파악하여 결론을 내리는 일이다. 물론 결론은 귀무가설의 기각 또는 채택(대립가설의 채택 또는 기각)으로 되지만 이것보다는 원래의 가설검정에서 생각한 형태로 풀어서 이야기 하고 또한 유의수준 α도 마찬가지로 풀어서 설명되어야 할 것이다. 다시 말해 통계적인 용어도 풀이되어 쉽게 이해되도록 설명되어야 할 것이다.

많은 응용분야에서 컴퓨터에 의한 자료처리 결과, p-값(또는 유의확률)이 계산되며 이에 따라 의사결정을 해야 한다. 여기서 p-값이란 관측된 검정통계량의 값을 기각하게 되는 최소의 유의수준으로, 검정통계량이 실제 관측된 값보다 대립가설을 지지하는 방향으로 더욱 치우칠(꼬리부분) 확률이다(귀무가설 하에서 계산). 즉 우측검정의 경우 p-값은

$$p\text{-값} = \Pr(T \geq t^* \mid H_0)$$

여기서 t^*는 검정통계량 T의 관측된 값이다. 예를 들어 p-값이 0.0042라 하면 이의 의미는 α가 p-값 0.0042보다 크다면 귀무가설이 기각되고, α가 p-값보다 작다면 귀무가설이 기각되지 않는 것이다. 많은 과학적 실험에서 각기 생각하는 유의수준이 다르다고 한다면 p-값을 발표함으로써 편리하게 이용될 수 있을 것이다.

예를 통하여 가설검정의 수행과정을 알아보자. 어느 기계가 부품을 생산하는데 불량률이 5% 이하일 때, 기계 상태가 정상이라 한다. 기계 상태가 정상인지를 점검하기 위해 이 기계가 생산하는 부품 중에서 임의로 10개를 추출하여 검사하니 4개가 불량이었다. 이 기계가 정상이라고 볼 수 있는지를 검정하여 보자. 검정하고자 하는 가설은 $H_0 : p = 0.05$, $H_1 : p > 0.05$이다. 불량품 수가 많으면, 기계가 정상 작동한다고 볼 수 없으므로 귀무가설 H_0를 기각해야 할 것이다. 따라서 검사부품 중 불량품의

개수를 검정통계량 T로 정한다. 한편, T의 표본분포는 불량률 p일 때 $T \sim B(n, p)$이므로, 귀무가설 H_0하에서 $T \sim B(10, 0.05)$이다. 대립가설의 형태가 우측($H_1 : p > 0.05$)이고, T의 큰 값이 대립가설을 지지하는 쪽이므로 p-값은

$$p\text{-값} = \Pr(T \geq 4 \mid H_0 : p = 0.05)$$
$$= 1 - \sum_{i=0}^{3} \binom{10}{i} (0.05)^i (1-0.05)^{10-i} = 0.001$$

이다. 유의수준을 $a = 0.05$ (5%)로 한다면, p-값 $< \alpha$이므로 유의한 결과를 얻어 귀무가설을 기각 결정한다. 따라서 이 기계가 정상 작동한다고 보기가 어렵다고 결론짓는다.

참고-1 검정통계량이 이산형일 때는 원하는 유의수준(예, 1%, 5%)에 해당하는 임계값이 구해지지 않으므로, 기각역을 대략 미리 결정하고 이에 따른 유의수준을 정할 수 있다. 위의 문제에서 불량품의 개수가 3개 이상 발견될 경우 귀무가설 H_0를 기각 결정한다면,

$$\text{유의수준}(\alpha) = \Pr(T \geq 3 \mid H_0 : p = 0.05)$$
$$= 1 - \sum_{i=0}^{2} \binom{10}{i} (0.05)^i (1-0.05)^{10-i} = 0.0115$$

참고-2 위의 문제에서(기각역은 $\{T \geq 3\}$), 검정력을 불량률 p의 함수 $K(p)$로 나타내면, 이를 검정력 함수라고 한다. 따라서

$$K(p) = \Pr(T \in \text{critical region} \mid p > 0.05) = \Pr(T \geq 3 \mid p > 0.05)$$
$$= 1 - \sum_{i=0}^{2} \binom{10}{i} (p)^i (1-p)^{10-i}$$

여기서, $K(0.05) = 0.0115 = \alpha$가 유의수준이다.

참고 ③ 이항분포표로부터 $K(p)$를 계산하면 **[표 1.1]**과 같고, 이를 그래프로 나타내면 **[그림 1.1]**과 같다.

[표 1.1] 검정력 함수표

p	$K(p)$	p	$K(p)$
.0	.0000	.50	.9453
.05	.0115	.55	.9726
.10	.0702	.60	.9877
.15	.1798	.65	.9952
.20	.3222	.70	.9984
.25	.4744	.75	.9996
.30	.6172	.80	.9999
.35	.7384	.85	1.0000
.40	.8327	.90	1.0000
.45	.9004	1.00	1.0000

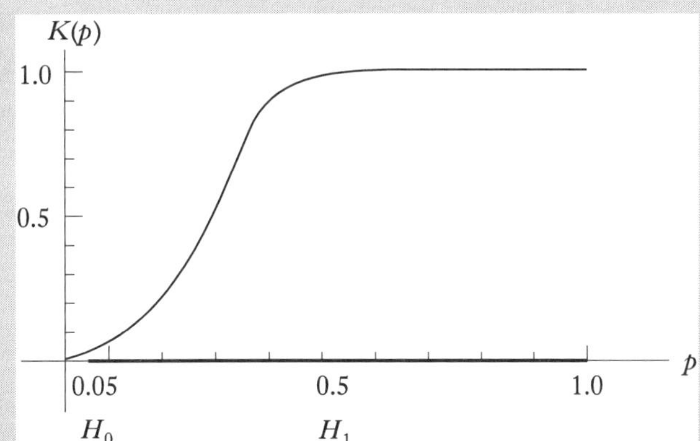

[그림 1.1] 검정력 함수 그래프

2 순서통계량과 백분위수에 대한 비모수적 방법

CHAPTER

1 순서통계량이란?

순서통계량은 간편하면서도 빠른 추정방법을 제공하며 또한 모집단 분포에 그다지 의존하지 않는 특성을 갖고 있어서, 비모수 방법이나 로버스트 방법에서 중요한 도구로 사용되고 있다. 순서통계량이란 작은 것부터 큰 것까지 크기 순으로 나열한 확률표본의 관측 값들을 말한다. x_1, x_2, $\cdots$, x_n를 연속형 분포로부터 추출된 확률표본의 관측 값들이라 하고, y_1은 x_1, x_2, $\cdots$, x_n 중에서 가장 작은 것, y_2는 x_1, x_2, $\cdots$, x_n 중에서 두 번째로 작은 것, $\cdots$, y_n은 x_1, x_2, $\cdots$, x_n 중에서 가장 큰 것이라 하면, $y_1 < y_2 < \cdots < y_n$을 그 표본의 순서통계량들이라 한다. 여기서 y_1을 첫 번째 순서통계량, y_2를 두 번째 순서통계량, $\cdots$ 이라 한다.

순서통계량을 이용한 추정량 중에서 빈번하게 이용되는 것 중에는 자료의 중심위치의 척도인 표본중위수가 있으며, 산포의 척도에는 표본범위가 있다. 표본중위수는 표본의 크기 n이 홀수이면 $(n+1)/2$번째 순서통계량이며, 표본의 크기 n이 짝수이면, $n/2$번째 순서통계량과 $(n/2)+1$번째 순서통계량의 평균으로 계산한다. 표본범위는 최대값과 최소값의 차이, 즉 (n번째 순서통계량, y_n)-(첫 번째 순서통계량, y_1)이다.

예제 2.1

다섯 번의 실험에서 얻어진 관측값이 각각

$$x_1 = 0.26,\ x_2 = 0.68,\ x_3 = 1.61,\ x_4 = 0.53,\ x_5 = 0.50$$

일 때, 이 관측표본의 순서통계량은

$$y_1 = 0.26 < y_2 = 0.50 < y_3 = 0.53 < y_4 = 0.68 < y_5 = 1.61$$

이다. 표본중위수(sample median)는 $y_3 = 0.53$, 표본범위(sample range)는 $y_5 - y_1$ =최대값−최소값=1.35이다.

2 순서통계량의 확률분포

연속형 분포로부터 추출된 확률표본에서 순서통계량을 구한 후, 이 중에서 r번째 순서통계량의 확률분포를 구하는 방법에 대해서 알아보자. r번째 순서통계량의 확률분포는 이항분포를 이용하여 간단히 구할 수 있는데, 먼저 예를 통해서 알아보자.

예제 2.2

확률분포 $f(x) = 2x,\ 0 < x < 1$로부터 확률표본 $X_1,\ X_2,\ X_3,\ X_4,\ X_5$를 얻었을 때 이들의 순서통계량을 $Y_1 < Y_2 < Y_3 < Y_4 < Y_5$라 하고, 확률 $P(Y_4 \le 1/2)$를 계산해 보자.

사건 $\{Y_4 \le 1/2\}$가 발생하려면, 확률표본 $X_1,\ X_2,\ X_3,\ X_4,\ X_5$ 중 적어도 4개가 1/2보다 작아야 한다. 따라서 사건 $\{X_i \le 1/2\},\ i = 1,\ 2,\ \cdots,\ 5$를 '성공'이라 하면, 확률 $P(Y_4 \le 1/2)$는 다섯 번의 베르누이 독립시행에서 적어도 4번의 성공이 일어나는 확률과 같다. 여기서

$$P(X_i \leq 1/2) = \int_0^{1/2} 2x dx = \left(\frac{1}{2}\right)^2 = \frac{1}{4}, \ \ i = 1,\ 2,\ \cdots,\ 5$$

이다. 따라서

$$P\left(Y_4 \leq \frac{1}{2}\right) = \binom{5}{4}\left(\frac{1}{4}\right)^4\left(\frac{3}{4}\right) + \left(\frac{1}{4}\right)^5 = 0.0156$$

이다.

$0 < y < 1$에 대해서, Y_4의 분포함수는

$$G(y) = P(Y_4 \leq y) = \binom{5}{4}(y^2)^4(1-y^2) + (y^2)^5 \quad (\because P(X_i \leq y) = \int_0^y 2xdx = y^2) \tag{2.1}$$

이다. 그러므로 Y_4의 밀도함수는

$$\begin{aligned} g(y) = G'(y) &= \binom{5}{4}4(y^2)^3(2y)(1-y^2) + \binom{5}{4}(y^2)^4(-2y) + 5(y^2)^4(2y) \\ &= \frac{5!}{3!1!}(y^2)^3(1-y^2)(2y),\ \ 0 < y < 1 \\ &= \frac{5!}{3!1!}(F(y))^3(1-F(y))f(y),\ \ 0 < y < 1 \qquad (2.2) \\ &(\because F(y) = P(X_i \leq y) = \int_0^y 2xdx = y^2) \end{aligned}$$

이다.

지금까지는 이항분포를 이용하여 순서통계량의 분포함수 $G(y)$를 구한 후, 분포함수 $G(y)$를 미분하여 밀도함수 $g(y) = G'(y)$를 구하였으나, 다항분포를 이용하면 순서통계량의 밀도함수를 직접적으로 구할 수 있다. 다음의 그림을 참고하여 순서통계량 Y_4의 밀도함수를 구해 보자.

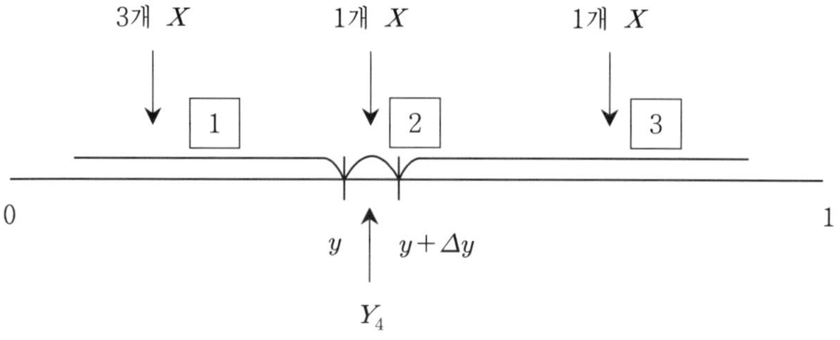

위의 그림으로부터

$$\{y < Y_4 \le y + \Delta y\}$$

와

$$\{0 < (3\text{개 } X_i) \le y,\ y < (1\text{개 } X_i) \le y + \Delta y,\ y + \Delta y < (1\text{개 } X_i) \le 1\}$$

는 동일한 사건임을 알 수 있다. 여기서 첫 번째 사건의 확률은

$$P(y < Y_4 \le y + \Delta y) \approx g(y)(\Delta y) \tag{2.3}$$

이며, 두 번째 사건의 확률은 다음과 같이 구할 수 있다. 즉 확률표본 다섯 개는 5회의 독립시행으로 볼 수 있으며, 매 시행마다 3개의 범주 중 하나에 속하게 된다. 각 범주의 확률은

범주 1의 확률 : $P(X \le y) = F(y)$
범주 2의 확률 : $P(y < X \le y + \Delta y) \approx f(y)(\Delta y)$
범주 3의 확률 : $P(X > y + \Delta y) = 1 - F(y + \Delta y) \approx 1 - F(y)$

이다. 따라서 다항분포를 이용하면 두 번째 사건의 확률은

$$P\{0 < (3\text{개 } X_i) \le y,\ y < (1\text{개 } X_i) \le y + \Delta y,\ y + \Delta y < (1\text{개 } X_i) \le 1\}$$
$$\approx \frac{5!}{3!1!1!}(F(y))^3(1 - F(y))f(y)\Delta y,\ 0 < y < 1 \tag{2.4}$$

으로 주어진다. 여기서 식(2.3)과 식(2.4)를 같게 놓으면, 식(2.2)의 밀도함수 $g(y)$가 구해진다.

지금까지 예를 통해서 순서통계량의 확률분포를 구하는 방법에 대해서 알아보았는데, 이를 일반화하여 보자. 확률변수 X의 분포함수가 $F(x)$, $a < x < b$이고, 밀도함수는 $f(x)$이라고 하자. 이 분포에서 얻어진 n개의 확률표본에 대한 순서통계량을 $Y_1 < Y_2 < \cdots < Y_n$라고 할 때, r번째 순서통계량 Y_r의 분포를 구해보자.

앞의 예에서 식(2.1)을 확장하면, Y_r의 분포함수는

$$G_r(y) = P(Y_r \le y) = \sum_{k=r}^{n} \binom{n}{k} [F(y)]^k [1-F(y)]^{n-k}, \ a < y < b$$

이며, Y_r의 밀도함수는

$$g_r(y) = \frac{n!}{(r-1)!(n-r)!} [F(y)]^{r-1} [1-F(y)]^{n-r} f(y), \ a < y < b$$

이다.

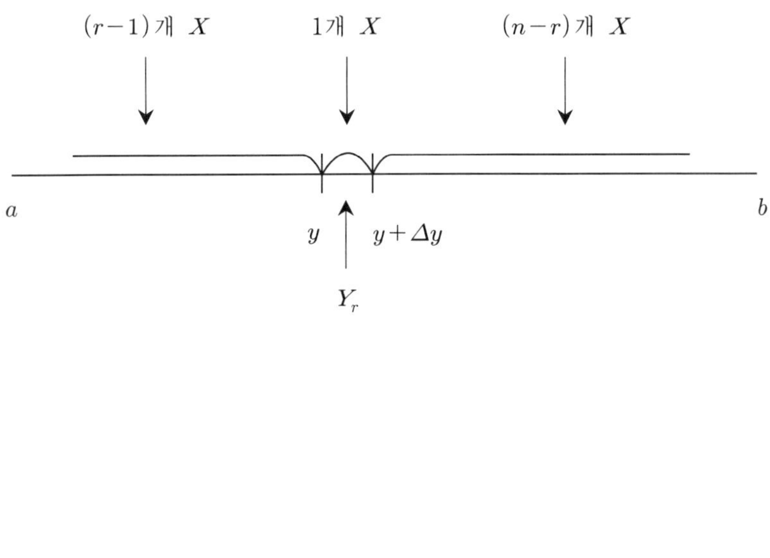

예제 2.3

확률변수 X의 분포함수가 $F(x)$, $a < x < b$이고, 밀도함수는 $f(x)$이라고 하자. 이 분포에서 얻어진 n개의 확률표본에 대한 순서통계량을 $Y_1 < Y_2 < \cdots < Y_n$라고 할 때, 최소값과 최대값의 밀도함수를 구해보자. 최소값은 첫 번째 순서통계량이고 최대값은 마지막 n번째 순서통계량이므로, Y_1과 Y_n의 밀도함수를 구하면 된다. 따라서 Y_1의 밀도함수는

$$g_1(y) = n[1 - F(y)]^{n-1} f(y), \quad a < y < b$$

이고, Y_n의 밀도함수는

$$g_n(y) = n[F(y)]^{n-1} f(y), \quad a < y < b$$

이다.

3 계산 예

예제 2.4

균일분포 $f(x) = 1$, $0 < x < 1$로부터 $n = 4$개의 표본을 얻고 이들의 순서통계량을 $Y_1 < Y_2 < Y_3 < Y_4$라고 하자. $F(y) = \int_0^y 1dx = y$, $0 < y < 1$이므로, Y_3의 밀도함수는

$$g_3(y) = \frac{4!}{2!1!} y^2 (1 - y), \; 0 < y < 1$$

이며,

$$P\left(\frac{1}{3} < Y_3 < \frac{2}{3}\right) = \int_{1/3}^{2/3} g_3(y)dy = \int_{1/3}^{2/3} 12y^2(1-y)dy = [4y^3 - 3y^4]_{1/3}^{2/3} = \frac{13}{27}$$

이다.

예제 2.5

확률분포 $f(x)=3(1-x)^2,\ 0<x<1$로부터 추출한 $n=7$개의 확률표본의 순서통계량을 $Y_1 < Y_2 < \cdots < Y_7$이라 하자. 표본중위수가 $1-(0.6)^{1/3}$보다 작아질 확률을 구해보자. 7개 표본의 중위수는 (7+1)/2=4번째 순서통계량 Y_4이다. 한편

$$F(1-0.6^{1/3}) = P(X \le 1-0.6^{1/3}) = \int_0^{1-0.6^{1/3}} 3(1-x)^2 dx$$

이다. 여기서 $1-x=y$로 치환하면 $dx=-dy$이고, $x=0$일 때 $y=1$, $x=1-0.6^{1/3}$일 때 $y=0.6^{1/3}$이므로

$$\int_0^{1-0.6^{1/3}} 3(1-x)^2 dx = -\int_1^{0.6^{1/3}} 3y^2 dy = \int_{0.6^{1/3}}^1 3y^2 dy = 0.4$$

이다. 그러므로 구하는 확률은

$$P(Y_4 \le 1-(0.6)^{1/3}) = \sum_{k=4}^{7}\binom{7}{k}(0.4)^k(0.6)^{7-k} = 0.2898$$

이다.

예제 2.6

누적분포함수 값이 1/2인 점 m을 분포의 중위수(정의)라고 한다. 즉,

$$F(m) = P(X \le m) = 1/2$$

이다. 중위수가 $m=68.1$인 분포로부터 $n=100$개의 확률표본을 추출하여 얻은 순서통계량을 $Y_1 < Y_2 < \cdots < Y_{100}$이라 하자. 55번째 순서통계량 Y_{55}가 $m=68.1$보다 작을 확률은

$$P(Y_{55} \le 68.1) = \sum_{k=55}^{100} \binom{100}{k}\left(\frac{1}{2}\right)^k \left(\frac{1}{2}\right)^{100-k} = 1 - \sum_{k=0}^{54} \binom{100}{k}\left(\frac{1}{2}\right)^k \left(\frac{1}{2}\right)^{100-k}$$
$$= 1 - P(B \le 54),\ B \sim B(100,\ 1/2)$$
$$\approx 1 - P\left(Z \le \frac{54.5-50}{5}\right) = 1 - 0.8159 = 0.1841$$

이다. 위의 마지막 근사식은 중심극한정리를 적용하여 구해진 것이다. 즉, 이항분포에 따르는 확률변수 B의 평균은 $np = 50$, 분산은 $npq = 25$, 표준편차는 $\sqrt{npq} = 5$이므로 이항변수를 표준화하여 중심극한정리를 적용하면(연속성에 대한 보정을 위해 $P(B \le 54) = P(B \le 54.5)$로 해야 함) 위의 식이 얻어진다. 여기서 Z는 표준정규분포를 따르는 $N(0, 1)$ 확률변수이다.

예제 2.7

35백분위수가 $\pi_{0.35} = 73.247$인 연속분포 $F(x)$로부터 $n = 13$개의 표본을 추출하여 얻어진 순서통계량을 $Y_1 < Y_2 < \cdots < Y_{13}$이라 하자. 확률 $P(Y_3 < \pi_{0.35} < Y_7)$을 구해보자. 사건 $\{X \le \pi_{0.35}\}$을 '성공'이라 하면, 성공의 확률 $p = P(X \le \pi_{0.35}) = 0.35$이다. 사건 $\{Y_3 < \pi_{0.35} < Y_7\}$은 성공이 적어도 3개, 많아야 6개 발생하는 경우와 동일하므로, 구하는 확률 $P(Y_3 < \pi_{0.35} < Y_7)$는

$$P(Y_3 < \pi_{0.35} < Y_7) = P(3 \le \text{성공의 개수} \le 6)$$
$$= \sum_{k=3}^{6} \binom{13}{k} (0.35)^k (1-0.35)^{13-k} = 0.7573$$

이다.

4 백분위수란?

중위수(median)

연속확률변수 X의 분포함수가 $F(x)$이고 밀도함수가 $f(x)$일 때, 누적확률이 1/2인 점, 즉 $F(m) = P(X \leq m) = 1/2$을 만족하는 점 m을 이 분포의 중위수(population median)라고 한다. **[그림 2.1]**은 밀도함수 $f(x)$를 이용하여 중위수를 나타낸 것이며, **[그림 2.2]**는 분포함수 $F(x)$를 이용하여 중위수를 나타낸 것이다.

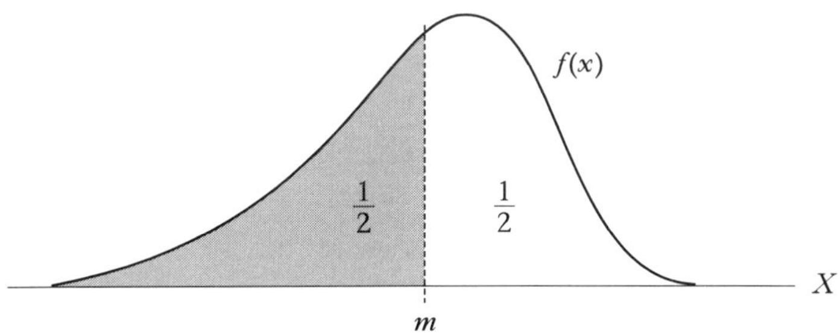

[그림 2.1] 밀도함수를 이용한 중위수의 위치

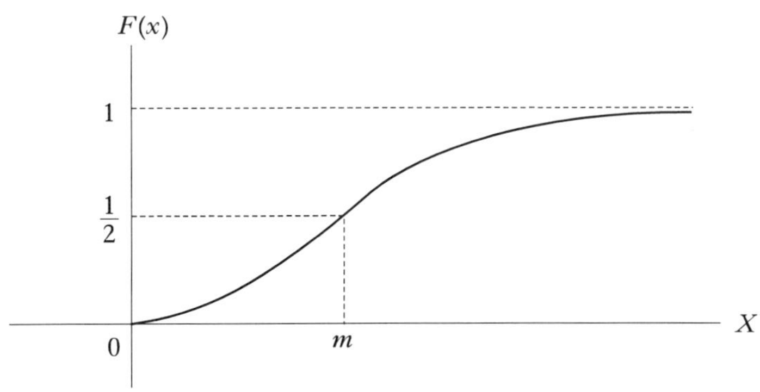

[그림 2.2] 분포함수를 이용한 중위수의 위치

백분위수(percentile)

연속확률변수 X의 분포함수가 $F(x)$이고 밀도함수가 $f(x)$일 때, 누적확률이 p인 점, 즉 $F(\pi_p) = P(X \le \pi_p) = p,\ 0 < p < 1$를 만족하는 점 π_p를 이 분포의 $(100p)$백분위수라고 한다. 밀도함수를 이용한 π_p의 위치는 **[그림 2.3]**과 같다.

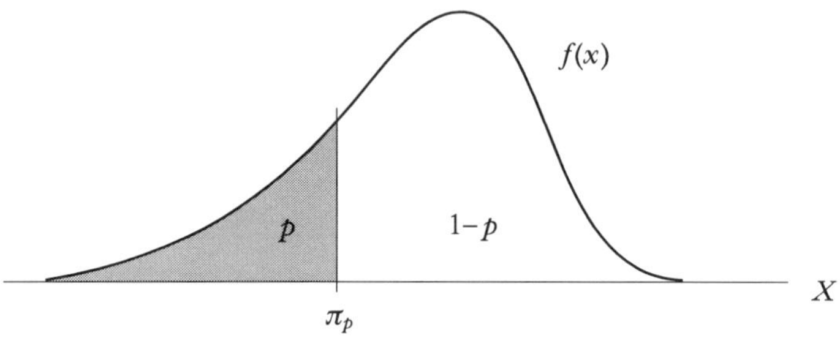

[그림 2.3] 밀도함수를 이용한 π_p의 위치

백분위수 중에서 누적확률이 0.25인 점을 제 1사분위수(1st quartile), 누적확률이 0.5인 점을 제 2사분위수(2nd quartile), 누적확률이 0.75인 점을 제 3사분위수(3rd quartile)라고 한다. 즉

$$\text{제 1사분위수}(q_1) = 25\text{백분위수}(\pi_{0.25})$$
$$\text{제 2사분위수}(q_2) = 50\text{백분위수}(\pi_{0.5}) = \text{중위수}(m)$$
$$\text{제 3사분위수}(q_3) = 75\text{백분위수}(\pi_{0.75})$$

이다.

표본 백분위수(sample percentile) $\hat{\pi}_p$

확률표본의 관측값 $x_1,\ x_2,\ \cdots,\ x_n$을 얻었을 때, 이들의 순서통계량 $y_1 < y_2 < \cdots < y_n$을 이용하여 모집단 분포의 백분위수 π_p를 추정한다. 추정방법은 다음과 같다. $(n+1)p$를 계산하여 $(n+1)p$의 정수부분을 r이라 하자. 그러면

$$\widehat{\pi_p} = \begin{cases} y_r, & (n+1)p\text{가 정수일 경우} \\ y_r\text{과 } y_{r+1}\text{의 가중평균}, & (n+1)p\text{가 정수가 아닐 경우} \end{cases}$$

이다. 따라서 표본 중위수 $\widehat{m}$ (또는 $\widehat{\pi_{0.5}}$)은 표본의 크기 n이 홀수이면, $(n+1)/2$번째 순서통계량인 $\widehat{m} = y_{(n+1)/2}$이며, 표본의 크기 n이 짝수이면, $n/2$번째 순서통계량과 $(n/2)+1$번째 순서통계량의 평균인 $\widehat{m} = (y_{n/2} + y_{(n/2)+1})/2$이 된다.

예제 2.8

브랜드 "Q"의 비누 한 개의 무게를 확률변수 X라고 하자. $n = 12$개를 관측하여 이들의 순서통계량을 구한 것이 다음과 같다.

1013 1019 1021 1024 1026 1028
1033 1035 1039 1040 1043 1047

표본중위수는 $\widehat{m} = \dfrac{y_6 + y_7}{2} = \dfrac{1028 + 1033}{2} = 1030.5$이다. 제 1사분위수(25백분위수)는 $(n+1)p = (12+1)(0.25) = 3.25$이므로,

$$\hat{q}_1 = y_3 + (0.25)(y_4 - y_3) = (0.75)y_3 + (0.25)y_4 = 1021.75$$

이다. 제 3사분위수(75백분위수)는 $(n+1)p = (12+1)(0.75) = 9.75$이므로

$$\hat{q}_3 = y_9 + (0.75)(y_{10} - y_9) = (0.25)y_9 + (0.75)y_{10} = 1039.75$$

이다.

다음에는 JMP를 이용하여 백분위수를 출력하여 보자. **[그림 2.4]**와 같이 데이터테이블 윈도우에 자료를 입력한 후, 메인메뉴의 [Analyze > Distribution]을 선택하여 변수 wt_soap를 분석 처리하면 [Distribution] 플랫폼에 다양한 백분위수가 **[그림 2.5]**와 같이 출력된다.

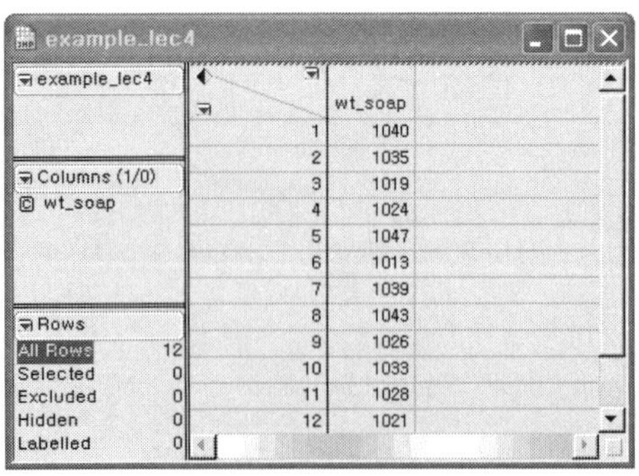

[그림 2.4] 데이터테이블 윈도우

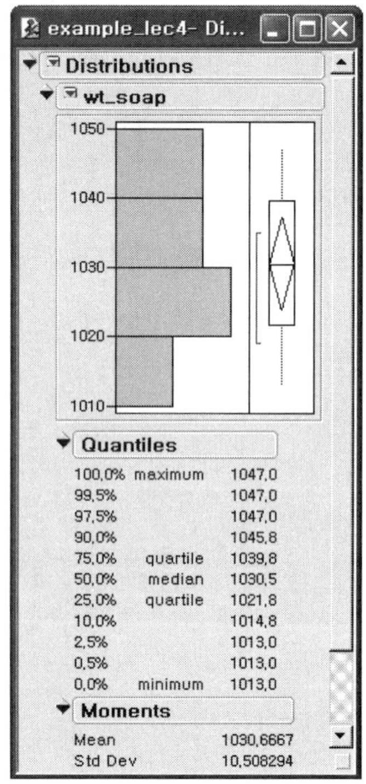

[그림 2.5] 백분위수가 출력된 [Distribution] 플랫폼

5 백분위수에 대한 신뢰구간

이항분포

매 실험의 결과가 '성공'과 '실패'의 2개 범주로 나타나는 시행으로 성공의 확률이 매회 일정한 실험을 베르누이 시행이라 한다. 성공의 확률이 p인 n회의 독립적인 베르누이 시행에서 성공의 개수를 X라 하자. 그러면 확률변수 X의 확률밀도함수는

$$f(x:n,\ p) = \binom{n}{x}(p)^x(1-p)^{n-x}, \quad x=0,\ 1,\ \cdots,\ n$$

이며, X는 이항분포를 따르는 확률변수이다. 이 때 $X \sim B(n,\ p)$로 표현한다.

중위수 m에 대한 신뢰구간

중위수에 대한 신뢰구간 구하는 방법을 예를 통하여 알아보자. 연속형 확률분포로부터 추출된 표본크기 $n=5$의 확률표본의 순서통계량을

$$Y_1 < Y_2 < Y_3 < Y_4 < Y_5$$

라 하자. 중위수 $m = \pi_{0.5}$은 $\hat{m} = Y_3$으로 추정되나, 이 경우 관측된 값(세 번째 순서통계량) $Y_3 = y_3$가 모집단의 중위수 m과 같을 가능성은 매우 희박하다. 따라서 모집단의 중위수 m에 대한 신뢰구간을 구하는 것이 오히려 현실적이다.

그러면 여기서 구간 $(Y_2,\ Y_4)$가 중위수 m을 포함할 확률 $P(Y_2 < m < Y_4)$을 구해 보자. 한 개의 표본 $X_i(i=1,\ 2,\ \cdots,\ 5)$가 m보다 작아지는 사건 $\{X_i < m\}$을 '성공'이라 하면, 1회의 독립시행에서 성공의 확률은 $P(X_i < m) = 0.5$이다. 한편 사건 $\{Y_2 < m < Y_4\}$가 발생하기 위해서는, 성공의 확률이 $p=0.5$인 5회의 베르누이 시행에서 성공이 적어도 2회 발생해야 하며 4회까지는 발생하지 않아야 한다. 따라서

$$P(Y_2 < m < Y_4) = \sum_{k=2}^{3}\binom{5}{k}\left(\frac{1}{2}\right)^k\left(\frac{1}{2}\right)^{5-k} = 0.625$$

이다. 그러므로 순서통계량의 관측값이 $y_1 < y_2 < y_3 < y_4 < y_5$라고 하면, 구간$(y_2,\ y_4)$가 중위수 m에 대한 62.5% 분포무관 신뢰구간이다. 즉 모집단 분포에 관계없이(이를 분포무관이라 함) 신뢰수준(또는 신뢰계수)은 62.5%가 된다.

일반적으로 표본크기가 n일 경우의 신뢰구간을 구해 보자. 표본크기 n의 관측된 순서통계량을 $y_1 < y_2 < \cdots < y_n$라고 할 때, 중위수 m에 대한 신뢰구간을

$$y_i < m < y_{n+1-i},\quad 1 \le i < n+1-i$$

으로 하면, 신뢰계수는

$$\gamma = 1-\alpha = \sum_{k=i}^{n-i} \binom{n}{k} \left(\frac{1}{2}\right)^n$$

이다.

예제 2.9

9개의 1리터들이 우유팩에 함유된 지방이 각각

6.0, 7.1, 7.2, 7.9, 8.7, 8.8, 9.4, 10.1, 10.4

으로 측정됐을 때, 중위수 m에 대한 신뢰구간을 $(y_2,\ y_8)$, 즉 $(7.1,\ 10.1)$으로 하면 신뢰계수는

$$1-\alpha = P(Y_2 < m < Y_8) = \sum_{k=2}^{7} \binom{9}{k} \left(\frac{1}{2}\right)^9 = 0.9610$$

이다.

백분위수 π_p에 대한 신뢰구간

표본크기 n의 관측된 순서통계량을 $y_1 < y_2 < \cdots < y_n$라고 할 때, $(100p)$ 백분위수 π_p에 대한 구간추정을 하여 보자. 여기서 신뢰구간을

$$y_i < \pi_p < y_{n+1-i}, \quad 1 \le i < n+1-i$$

으로 할 경우, 신뢰계수를 구해 보자. 한 개의 표본 $X_i (i=1,\ 2,\ \cdots,\ 5)$가 π_p보다 작아지는 사건 $\{X_i < \pi_p\}$을 '성공'이라 하면, 1회의 독립시행에서 성공의 확률은 $P(X_i < \pi_p) = p$이다. 한편 사건 $\{y_i < \pi_p < y_{n+1-i}\}$가 발생하기 위해서는, 성공의 확률이 p인 n회의 베르누이 시행에서 성공이 적어도 i회, 많아야 $n-i$회 발생해야 한다. 따라서 신뢰계수는

$$P(Y_i < \pi_p < Y_{n+1-i}) = \sum_{k=i}^{n-i} \binom{n}{k} (p)^k (1-p)^{n-k} = \gamma(=1-\alpha)$$

이다.

대표본 근사에 의한 π_p의 신뢰구간

표본크기 n이 클 경우$(n > 20)$, 중심극한정리를 이용하면 π_p의 신뢰구간에 대한 신뢰계수를 근사적으로 구할 수 있다. $(100p)$ 백분위수 π_p보다 작은 관측 값의 개수를 L이라고 하면, 확률변수 L은 이항분포를 한다. 즉 $L \sim B(n,\ p)$. 따라서 이항변수 L을 연속성 보정한 후, 이항분포의 정규근사를 적용하면

$$\begin{aligned} 1-\alpha = P(Y_i < \pi_p < Y_{n+1-i}) &= P(i \le L \le n-i) \\ &= P(i-0.5 < L < n-i+0.5) \\ &\approx P\left(\frac{i-0.5-np}{\sqrt{npq}} < Z < \frac{n-i+0.5-np}{\sqrt{npq}}\right) \end{aligned}$$

이다. 여기서 $Z \sim N(0,\ 1)$이다.

예제 2.10

다음의 자료는 어느 지역 27개 가구주의 월평균 소득(단위: 만원)을 조사하여 얻어진 순서통계량의 관측 값이다.

261 269 271 274 279 280 283 284 286 287
292 293 296 300 304 305 313 321 322 329
341 343 356 364 391 417 476

25백분위수 $\pi_{0.25}$에 대하여 추정하여 보자. $(n+1)p = 28(0.25) = 7$이므로, $\pi_{0.25}$에 대한 점추정치는 $\hat{\pi}_{0.25} = y_7 = 283$이다. $\pi_{0.25}$에 대한 신뢰구간을 $(y_4,\ y_{10})$으로 정할 경우, 이 신뢰구간의 신뢰계수를 구하면

$$
\begin{aligned}
1-\alpha = P(Y_4 < \pi_{0.25} < Y_{10}) &= \sum_{k=4}^{9} \binom{27}{k} (0.25)^k (0.75)^{27-k} \\
&= P(3.5 < L < 9.5), \quad L \sim B(27,\ 1/4) \\
&\approx P\left(\frac{3.5-6.75}{9/4} < Z < \frac{9.5-6.75}{9/4} \right) \\
&= P(-13/9 < Z < 11/9) = 0.8149
\end{aligned}
$$

이다. 따라서

$$(y_4,\ y_{10}),\ \text{즉}\ (274,\ 287)$$

는 $\pi_{0.25}$에 대한 신뢰계수 81.49%의 신뢰구간이다.

6 백분위수에 대한 이항검정

성공의 확률 p에 관한 이항검정

성공의 확률이 p인 n회의 독립적인 베르누이 시행에서 다음의 가설

$$H_0 : p = p_0, \quad H_1 : p > p_0, \quad p_0\text{는 미리 주어진 값}$$

을 검정해 보자. n회의 독립적인 베르누이 시행에서 성공의 개수를 T라 하면, 귀무가설 H_0하에서 T는 이항분포를 한다. 즉 $T \sim B(n,\ p_0)$. 한편 T의 큰 값이 대립가설을 지지하는 쪽이므로, 기각역은 $\{T \geq t\}$가 된다(우측 기각역). 참고로 대립가설이 $H_1 : p < p_0$이면, T의 작은 값이 대립가설을 지지하는 쪽이므로 기각역은 $\{T \leq t\}$가 된다(좌측 기각역). 또한 대립가설이 $H_1 : p \neq p_0$이면, T의 큰 값이나 또는 작은 값이 대립가설을 지지하는 쪽이므로 기각역은 $\{T \leq t_1\}$ 또는 $\{T \geq t_2\}$가 된다(양측 기각역).

실제 관측된 성공의 개수가 t^*라면, 우측 기각역의 경우

$$p-\text{값} = P(T \geq t^* \mid H_0 : p = p_0) = \sum_{k=t^*}^{n} \binom{n}{k} p_0^k (1-p_0)^{n-k}$$

된다. 따라서 p-값$< \alpha$이면, 귀무가설 $H_0 : p = p_0$을 기각하는 의사결정을 한다.

성공의 확률 p에 관한 대표본 근사 검정

표본의 크기가 클 때($n > 20$), 정규근사를 이용하여 p에 관한 근사 검정을 실시해 보자. 검정하고자 하는 가설이

$$H_0 : p = p_0, \quad H_1 : p > p_0, \quad p_0\text{는 미리 주어진 값}$$

이라 하자. n회의 독립적인 베르누이 시행에서 성공의 개수를 T라 하면, 귀무가설

H_0하에서 T는 이항분포를 한다. 즉 귀무가설 하에서 T의 평균은 np_0, 분산은 $np_0(1-p_0)$ $=np_0q_0$이므로, 중심극한정리에 따라 성공의 개수 T를 표준화하면 그 근사분포는

$$\frac{T-np_0}{\sqrt{np_0q_0}} \simeq N(0,\ 1)$$

이다. 그러므로 기각역은

$$\left\{\frac{T-np_0}{\sqrt{np_0q_0}} \geq z_\alpha\right\}$$

이다. 여기서 z_α는 표준정규분포의 상위 α 분위수(예, $z_{0.05}=1.645$)이다. T의 관측된 값(성공의 개수)이 t^*이면, p-값은

$$p-\text{값} \simeq P\left(Z \geq \frac{t^*-0.5-np_0}{\sqrt{np_0q_0}}\right),\quad Z \sim N(0,\ 1)$$

이 되므로, 유의수준 α와 비교하여 가설의 채택여부를 결정한다.

중위수에 대한 이항검정

연속분포로부터 얻어진 확률표본 $X_1,\ X_2,\ \cdots,\ X_n$이 주어질 때, 이 분포의 중위수 m에 대한 다음의 가설

$$H_0: m=m_0,\quad H_1: m>m_0,\quad m_0\text{는 미리 주어진 값}$$

을 검정하여 보자. 위의 가설은 다음과 같이 동일한 가설로 대체할 수 있다(그림 참조). 즉

$$H_0^{'}: p=P(X\leq m_0)=0.5,\quad H_1^{'}: p=P(X\leq m_0)<0.5$$

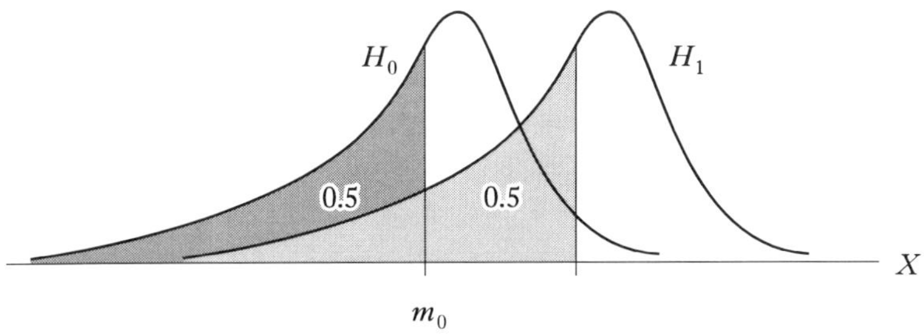

위의 가설을 검정하기 위한 검정통계량과 기각역은 다음과 같이 구할 수 있다. n개의 관측 값 중 m_0보다 작은 표본의 개수를 T라 하면($\{X \leq m_0\}$을 '성공'이라고 할 때 성공의 개수가 T가 됨), 귀무가설이 참일 때

$$T \sim B(n,\ 0.5)$$

이다. 또한 T의 작은 값이 대립가설을 지지하는 쪽이므로(대립가설은 $p < 0.5$이므로 대립가설이 참이면 성공의 개수는 적어지는 경향이 있음), 기각역은 $\{T \leq t\}$가 된다.

실제 관측된 성공의 개수가 t^*라면, 유의확률 p-값은

$$p-\text{값} = P(T \leq t^* \mid H_0) = \sum_{k=0}^{t^*} \binom{n}{k} \left(\frac{1}{2}\right)^k \left(\frac{1}{2}\right)^{n-k} = \sum_{k=0}^{t^*} \binom{n}{k} \left(\frac{1}{2}\right)^n$$

이다. 따라서 $p-\text{값} < \alpha$이면, 귀무가설을 기각하여 분포의 중위수가 m_0보다 큰 것으로 판단한다.

예제 2.11

컴퓨터 조립공장에서 컴퓨터를 조립하는데 걸리는 시간(분 단위)을 20회 측정하여 다음의 자료를 얻었다.

32.4 37.2 35.7 28.4 41.6 44.3 35.8 31.1 34.9 36.2
31.7 29.5 25.5 34.8 40.6 27.8 40.4 28.4 32.5 31.7

조립시간 분포의 중위수 m에 관한 다음의 가설

$$H_0 : m = 31.2, \quad H_1 : m > 31.2$$

을 검정해 보자. 귀무가설로 설정된 중위수 31.2보다 작은 관측값의 개수를 검정통계량으로 사용하자. 31.2보다 작은 관측값은 6개이므로($t^* = 6$), 유의확률 p-값은

$$p-\text{값} = P(T \le t^* \mid H_0) = \sum_{k=0}^{6} \binom{n}{k} \left(\frac{1}{2}\right)^n = 0.0577$$

이다. 따라서 유의수준을 5%($\alpha = 0.05$)로 하면, $p-\text{값} = 0.0577 > \alpha = 0.05$이므로 5% 유의수준에서 귀무가설을 기각할 수 없다.

백분위수 π_p에 대한 이항검정

연속분포로부터 얻어진 확률표본 $X_1, X_2, \cdots, X_n$이 주어질 때, 이 분포의 $(100p)$ 백분위수 π_p에 대한 다음의 가설

$$H_0 : \pi_p = \pi_0, \quad H_1 : \pi_p < \pi_0, \quad \pi_0\text{는 미리 주어진 값}$$

을 검정하여 보자. 위의 가설은 다음과 같이 동일한 가설로 대체할 수 있다(다음 그림 참조). 즉

$$H_0^{'} : P(X \le \pi_0) = p, \quad H_1^{'} : P(X \le \pi_0) > p$$

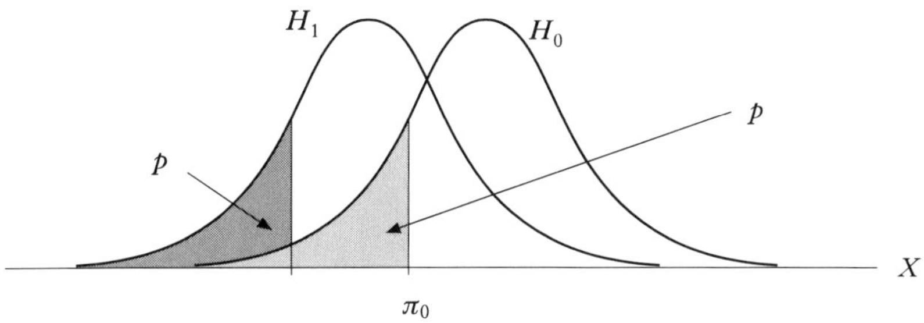

위의 가설을 검정하기 위한 검정통계량과 기각역은 다음과 같이 구할 수 있다. n 개의 관측 값 중 π_0보다 작은 표본의 개수를 T라 하면($\{X \le \pi_0\}$을 성공이라고 할 때 성공의 개수가 T가 됨), 귀무가설이 참일 때 T의 분포는

$$T \sim B(n,\ p)$$

이다. 또한 T의 큰 값이 대립가설을 지지하는 쪽이므로(대립가설이 참이면 성공의 개수는 많아지는 경향이 있음), 기각역은 $\{T \ge t\}$가 된다.

실제 관측된 성공의 개수가 t^*라면, 유의확률 p-값은

$$p-\text{값} = P(T \ge t^* \mid H_0) = \sum_{k=t^*}^{n} \binom{n}{k} p^k (1-p)^{n-k}$$

이다. 따라서 $p-$값$< \alpha$이면, 귀무가설을 기각하여 분포의 $(100p)$백분위수 π_p가 π_0보다 작은 것으로 판단한다.

예제 2.12

컴퓨터 조립공장에서 컴퓨터를 조립하는데 걸리는 시간(분 단위)을 20회 측정하여 다음의 자료를 얻었다.

32.4 37.2 35.7 28.4 41.6 44.3 35.8 31.1 34.9 36.2
31.7 29.5 25.5 34.8 40.6 27.8 40.4 28.4 32.5 31.7

조립시간 분포의 25백분위수 $\pi_{0.25}$에 관한 다음의 가설

$$H_0 : \pi_{0.25} = 30.0, \quad H_1 : \pi_{0.25} < 30.0$$

을 검정해 보자. 귀무가설로 설정된 값 30.0보다 작은 조립시간 표본의 개수를 검정통계량으로 사용하자. 다음의 **[표 2.1]**은 $\{x-30.0\}$의 부호를 계산하기 위한 표를 보여준다. **[표 2.1]**에서 30.0보다 작은 관측값의 개수('-'부호의 개수)는 5개이므로 $(t^* = 5)$, 유의확률 p-값은

$$p-\text{값} = P(T \geq t^* \mid H_0) = 1 - \sum_{k=0}^{4} \binom{n}{k} (0.25)^k (0.75)^{n-k} = 0.5852$$

이다. 따라서 유의수준을 5%$(\alpha = 0.05)$로 하면, $p-\text{값} = 0.5852 > \alpha = 0.05$이므로 5% 유의수준에서 귀무가설을 기각할 수 없다.

[표 2.1] $\{x-30.0\}$의 부호 계산표

조립시간 x	$\pi_0 (= 30.0)$	부호 $(x-30.5)$	조립시간 x	$\pi_0 (= 30.0)$	부호 $(x-30.5)$
32.4	30.0	+	31.7	30.0	+
37.2	30.0	+	29.5	30.0	–
35.7	30.0	+	25.5	30.0	–
28.4	30.0	–	34.8	30.0	+
41.6	30.0	+	40.6	30.0	+
44.3	30.0	+	27.8	30.0	–
35.8	30.0	+	40.4	30.0	+
31.1	30.0	+	28.4	30.0	–
34.9	30.0	+	32.5	30.0	+
36.2	30.0	+	31.7	30.0	+

3 두 독립표본의 위치 문제

CHAPTER

1 순위와 순위점수

임의의 연속확률분포로부터 얻어진 N개의 관측값 $X_1,\ X_2,\ \cdots,\ X_N$을 오름차순으로 배열했을 때, 가장 작은 값의 순위는 1, $\cdots$, 가장 큰 값의 순위는 N을 부여한다. 이 때 관측값 X_i의 순위(rank)는 $R_i = \text{rank}(X_i)$로 나타낸다.

순위 R_i, $(i = 1,\ 2,\ \cdots,\ N)$의 확률분포는

$$P(R_i = k) = \frac{1}{N}, \quad k = 1,\ 2,\ \cdots,\ N$$

이며, 순위 R_i의 평균과 분산은 각각

$$\begin{aligned} E(R_i) &= \sum_{k=1}^{N} k\frac{1}{N} = \frac{N+1}{2} \\ Var\,(R_i) &= E(R_i^2) - \{E(R_i)\}^2 \\ &= \sum_{k=1}^{N} k^2\frac{1}{N} - \left(\frac{N+1}{2}\right)^2 \\ &= \frac{N^2-1}{12} \quad \left(\because \sum_{k=1}^{N} k^2 = \frac{N(N+1)(2N+1)}{6}\right) \end{aligned}$$

이다.

관측 값의 순위를 구하기 위해서는 관측 값들을 오름차순으로 정리해야 하는데, 이 때 탐색적 자료 분석법인 '줄기-잎 그림'을 이용하면 관측 값들의 순위를 쉽게 구할 수 있다. JMP를 이용하여 '줄기-잎 그림'을 출력하기 위한 절차는 다음과 같다. JMP의 메인메뉴 중에서 [Analyze>Distribution]을 선택한 후, 분석변수를 지정한다. 이 때 출력된 [Distribution]플랫폼에서, 분석변수 옆의 빨간 화살표를 클릭하면 추가분석을 위한 팝업메뉴가 나타난다. 팝업메뉴에서 [stem-and-leaf]를 클릭하면 '줄기-잎 그림'을 얻을 수 있다.

자료의 순위를 이용하는 순위검정은 몇 가지 장점을 갖고 있다. 첫째, 자료가 '보통' '좋음' '매우 좋음' 등과 같이 숫자가 아니지만 순서화가 가능하도록 주어지는 경우, 순위검정은 검정력이 매우 좋은 검정법이다. 둘째, 정규형 자료(normal data)라 하더라도 순위검정을 사용할 경우, 최량 검정법에 비해 검정력의 손실이 그다지 크지 않다. 셋째, 모집단 분포의 형태와 관계없이 단순 계수법에 의해 통계량의 표본분포를 쉽게 구할 수 있으며(표본의 크기가 작은 경우), 표본의 크기가 크거나 동일한 관측값이 많을 경우에는, 정규근사에 의해 확률을 계산할 수 있다.

순위점수(rank score)

모분포에 대한 추가적인 정보(비대칭도, 꼬리의 두터운 정도 등)가 있을 때, 이에 따라 순위를 적절히 변환하면 검정의 효율을 증대할 수 있다. 순위점수(rank score) $a(R_i)$, $R_i = 1, 2, \cdots, N$란 순위를 변환한 함수로서 다음의 식

$$a(1) \le a(2) \le \cdots \le a(N), \quad a(1) \ne a(N)$$

을 만족하는 순위의 감소하지 않는 함수이다.

순위점수에는 윌콕슨 순위점수(Wilcoxon score), 중앙값 순위점수(median score), V-W 순위점수(V-W score), 새비지 순위점수(Savage score) 등이 있다. 윌콕슨 순위점수는 로지스틱 분포에서, 중앙값 순위점수는 양방향 지수분포에서, V-W 순위점수는 정규분포형에서, 새비지 순위점수는 지수분포에서 각각 효율적인 순위점수로 이용된다. 각 순위점수는 다음과 같이 정의된다.

▷ 윌콕슨 순위점수 : $a(R_i) = R_i$

▷ 중앙값 순위점수 : $a(R_i) = \begin{cases} 1, & \text{if } R_i > (N+1)/2 \\ 0, & \text{if } R_i \le (N+1)/2 \end{cases}$

▷ V-W 순위점수 : $a(R_i) = \Phi^{-1}(R_i/(N+1))$, Φ는 표준정규변수 Z의 누적분포함수

▷ 새비지 순위점수 : $a(R_i) = \sum_{j=1}^{R_i}(N-j+1)^{-1} - 1$

2 윌콕슨의 순위합검정

두 개의 독립표본이 얻어졌을 때, 이들이 동일한 분포로부터 얻어진 표본인가, 아니면 어느 한 표본이 확률적으로 큰 분포에서 얻어졌는가를 검정하는 문제를 생각하자.

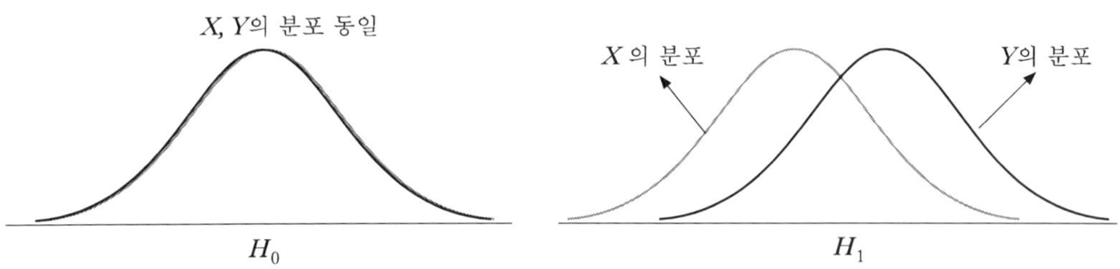

이 때 검정을 위한 가설은

H_0 : 두 분포는 동일하다, H_1 : Y의 분포가 확률적으로 크다

H_0 : $m_X = m_Y$(중위수가 같다), H_1 : $m_X < m_Y$

H_0 : $\mu_X = \mu_Y$(평균이 같다), H_1 : $\mu_X < \mu_Y$

등으로 설정할 수 있다.

윌콕슨 순위합검정(Wilcoxon rank-sum test)을 위한 순위부여 방법

두 조의 독립 확률표본을 생각하자. 즉 X분포 $F(x)$로부터 얻은 m개 확률표본의 관측 값을 $x_1, x_2, \cdots, x_m$이라 하고, Y분포 $G(y)$로부터 얻은 n개 확률표본의 관측 값을 $y_1, y_2, \cdots, y_n$이라 하자.

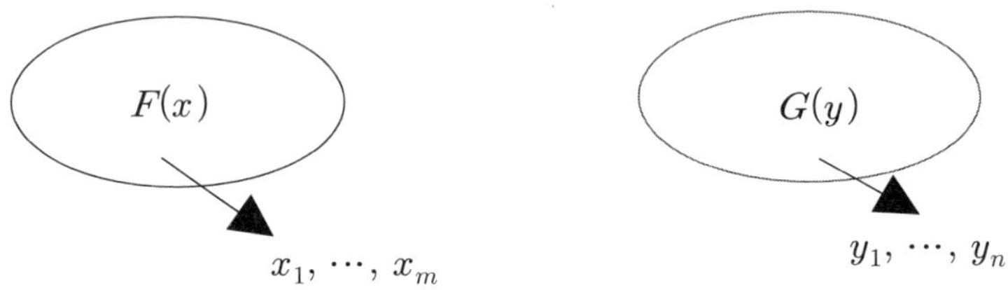

여기서 두 조의 확률표본 $x_1, x_2, \cdots, x_m$와 $y_1, y_2, \cdots, y_n$을 혼합하여 순위를 부여하면, 위의 가설을 검정하기 위한 검정통계량은 Y-표본의 순위합, 즉

$$W = \sum_{j=1}^{n} \text{rank}(y_j), \quad \text{rank}(y_j) \in \{1, 2, \cdots, N\}, \quad N = m + n$$

으로 계산한다.

예제 3.1

가상자료를 통해 순위합검정 절차를 알아보자. 크기가 $3(=m)$인 X-표본의 관측 값이 2.3, 2.7, 1.9이고, 크기가 $2(=n)$인 Y-표본의 관측 값이 3.4, 2.5로 주어졌다고 하자. 윌콕슨의 순위합 검정을 실시해 보자.

먼저 Y-표본의 순위합을 계산하기 위해 혼합순위를 계산하면 다음의 표와 같다. 따라서 Y-표본의 순위합 W는

$$W = \sum_{j=1}^{2} \text{rank}(y_j) = 5 + 3 = 8$$

이 된다.

	X-표본	Y-표본
관 측 값	2.3 2.7 1.9	3.4 2.5
혼합순위	2 4 1	5 3

한편 귀무가설(두 표본이 동일한 분포에서 나온다)이 참일 때 Y-표본 순위합 W의 확률분포는 **[표 3.1]**과 같이 X-표본과 Y-표본의 모든 가능한 순위조합을 이용하여 구할 수 있다. 그 결과는 **[표 3.2]**와 같다.

[표 3.1] $m=3,\ n=2$일 때의 X-표본과 Y-표본의 순위조합

순위(rank) 1	2	3	4	5	Y-표본의 순위합
X	X	X	Y	Y	9
X	X	Y	X	Y	8
X	Y	X	X	Y	7
Y	X	X	X	Y	6
X	X	Y	Y	X	7
X	Y	X	Y	X	6
Y	X	X	Y	X	5
X	Y	Y	X	X	5
Y	X	Y	X	X	4
Y	Y	X	X	X	3

[표 3.2] 순위합 W의 확률분포

$P(W=t)$	1/10	1/10	2/10	2/10	2/10	1/10	1/10
t	3	4	5	6	7	8	9

다음은 기각역을 결정하고 이에 따라 유의확률 p-값을 계산해 보자. 대립가설이 참이면, Y-표본의 관측 값들은 X-표본의 관측 값들보다 커지는 경향이 있으므로 Y-표본의 순위도 마찬가지로 커지는 경향을 보인다. 따라서 Y-표본의 순위합이 큰 것은 대립가설을 지지하는 입장이므로 기각역은 $\{W>t\}$가 되고, W의 관측된 값이 $t^*=8$이므로 유의확률 p-값은

$$p-\text{값} = P(W \geq 8 \mid H_0) = 0.2$$

이다.

부분배열을 통한 순위합의 확률계산

표본크기에 따른 순위배열의 경우 수는

$$m=3,\quad n=2 \rightarrow \binom{5}{2}=10$$

$$m=4,\quad n=3 \rightarrow \binom{7}{3}=\frac{7!}{3!4!}=35$$

$$m=5,\quad n=4 \rightarrow \binom{9}{4}=\frac{9!}{4!5!}=126$$

이 되어, 모든 가능한 순위배열을 나열하는 방식으로 확률을 계산하는 것은 매우 지루한 작업이 된다. 이런 경우에는 부분배열을 통해 확률을 계산하는 것이 편리하다.

순위합의 관측 값이 t^*로 주어질 때, 순위합이 t^*보다 커지는(또는 작아지는) 순위조합의 경우 수만을 알면 유의확률 p-값을 계산할 수 있다. 예를 들면 $m=4$, $n=3$이고 Y-표본의 순위합이 $t^*=14$일 때, 귀무가설 하에서 Y-표본의 순위합 W가 14 이상일 확률을 계산해 보자. **[표 3.3]**은 순위조합의 부분배열을 나타낸 표이다. 부분배열표로부터

$$P(\text{순위합} \geq 14 \mid H_0)=\frac{11}{35} \simeq 0.314$$

이 된다.

[표 3.3] $m=4,\ n=3$일 경우 순위조합의 부분배열

번호 \ 순위	1	2	3	4	5	6	7	Y-표본 순위합
1					Y	Y	Y	18
2				Y		Y	Y	17
3			Y			Y	Y	16
4		Y				Y	Y	15
5	Y					Y	Y	14
6				Y	Y		Y	16
7			Y		Y		Y	15
8		Y			Y		Y	14
9			Y	Y			Y	14
10				Y	Y	Y		15
11			Y		Y	Y		14
12		Y			Y	Y		13
⋮								≤13
35	Y	Y	Y					6

순위합 분포표를 이용한 검정 예

다음 자료는 어느 고등학교의 도시출신 학생들과 농촌출신 학생들의 신체적응에 관한 심리검사 결과이다. 심리점수가 낮은 것은 적응력이 약한 것을 나타낸다. 농촌출신 학생들이 도시출신 학생들보다 신체적응력이 더 우수한지 검정하여 보자.

검정하고자 하는 가설은

$$H_0: \mu_X = \mu_Y, \quad H_1: \mu_X < \mu_Y$$

이며, 다음의 표를 이용하여 검정통계량 W (Y-표본의 순위합)의 관측값을 계산하면 34가 된다.

순서통계량	2.1	6.3	7.6	8.3	10.6	11.8	12.7	12.9	14.8	16.1
혼합순위	1	2	3	4	5	6	7	8	9	10
표 본	X	Y	X	X	Y	X	X	Y	Y	Y

Y-표본의 순위합 = 2+5+8+9+10 = 34

<부록표 5>의 순위합 검정통계량 백분위수표로부터

$$p-\text{값} = P(W \geq 34 \mid H_0) = 0.1111$$

이 되어, 5% 유의수준($\alpha = 0.05$)에서 귀무가설을 기각할 수 없다.

3 순위합검정의 정규근사

순위합의 평균과 분산

귀무가설이 참일 때, Y-표본 순위합(W)의 평균은

$$\begin{aligned}\mu_W = E(W) = E\left(\sum_{j=1}^{n} R(Y_j)\right) &= \sum_{j=1}^{n} E(R(Y_j)) \\ = \sum_{j=1}^{n} \frac{N+1}{2} &= \frac{n(N+1)}{2} \\ \left(\because E(R(Y_j)) = \sum_{k=1}^{N} k\frac{1}{N} = \frac{N+1}{2},\right. &\quad \left. N = m+n\right)\end{aligned}$$

이다. Y-표본 순위합(W)의 분산은 다음과 같이 구할 수 있다. 번호표 1, 2, $\cdots$, N 이 들어 있는 항아리 속에서 임의로 $n(<N)$개를 비복원 추출하여 얻어진 표본의 합은 Y-표본의 순위합과 동일한 분포를 가진다. 따라서 비복원 추출 표본의 분산공식에 의해, Y-표본 순위합(W)의 분산은

$$\sigma_W^2 = Var(W) = n\sigma_U^2\left(\frac{N-n}{N-1}\right)$$

이다. 여기서 U는 이산균일분포 $U(1, N)$의 확률변수이다. 즉

$$f(u) = P(U=u) = \frac{1}{N}, \quad u = 1, 2, \cdots, N$$

이다. 따라서 확률변수 U의 분산은

$$\begin{aligned}\sigma_U^2 = E(U^2) - E(U)^2 &= \sum_{k=1}^{N} k^2 \frac{1}{N} - \left(\frac{N+1}{2}\right)^2 \\ &= \frac{1}{N}\frac{N(N+1)(2N+1)}{6} - \left(\frac{N+1}{2}\right)^2 \\ &= \frac{N^2-1}{12}\end{aligned}$$

이다. 그러므로

$$\begin{aligned}\sigma_W^2 = Var(W) &= n\sigma_U^2\left(\frac{N-n}{N-1}\right) \\ &= n\left(\frac{N^2-1}{12}\right)\left(\frac{N-n}{N-1}\right) \\ &= \frac{mn(N+1)}{12}\end{aligned}$$

이다.

순위합 통계량의 정규근사

순위합 W는 이산형 확률변수로 평균과 분산은 각각

평균 : $\mu_W = \dfrac{n(N+1)}{2}$

분산 : $\sigma_W^2 = Var(W) = \dfrac{mn(N+1)}{12}$

이다. 따라서 순위합통계량 W를 표준화하여 중심극한정리를 적용하면(귀무가설이 참일 때), 정규분포로 근사시킬 수 있다. 즉

$$Z_W = \frac{W-\mu_W}{\sigma_W} = \frac{W-n(N+1)/2}{\sqrt{mn(N+1)/12}} \simeq N(0,\ 1), \quad \text{as} \quad n, m \rightarrow \infty$$

이 된다. 또한 정규근사의 정밀도를 높이기 위해서는 연속성에 대한 보정이 필요하다.

정규근사 예

앞에서 나온 예들에 대해 정규근사로 유의확률 p-값을 구해보자.

1. $m=3,\ n=2,\ t^*=8$의 경우 (정확한 p-값 $= 0.20$), 순위합통계량 W의 평균과 분산은 각각

$$\mu_W = \frac{n(N+1)}{2} = \frac{2(5+1)}{2} = 6$$

$$\sigma_W^2 = Var(W) = \frac{mn(N+1)}{12} = \frac{(3)(2)(5+1)}{12} = 3$$

이므로, 정규근사에 의한 p-값은

$$P(W \geq 8) \simeq P(Z \geq \frac{8-0.5-6}{\sqrt{3}}) = 0.192$$

이 된다.

2. $m=4,\ n=3,\ t^*=14$의 경우(정확한 p-값 $= 0.314$), 순위합통계량 W의 평균과 분산은 각각

$$\mu_W = \frac{n(N+1)}{2} = 12$$

$$\sigma_W^2 = Var(W) = \frac{mn(N+1)}{12} = 8$$

이므로, 정규근사에 의한 p-값은

$$P(W \geq 14) \simeq P\left(Z \geq \frac{14-0.5-12}{\sqrt{8}}\right) = 0.298$$

이 된다.

3. $m=5$, $n=5$, $t^*=34$의 경우(정확한 p-값 $=0.111$), 순위합통계량 W의 평균과 분산은 각각

$$\mu_W = \frac{n(N+1)}{2} = 27.5$$

$$\sigma_W^2 = Var(W) = \frac{mn(N+1)}{12} = 22.9$$

이므로, 정규근사에 의한 p-값은

$$P(W \geq 34) \simeq P\left(Z \geq \frac{34-0.5-27.5}{\sqrt{22.9}}\right) = 0.106$$

이 된다.

예제 3.2

다음의 자료 **[표 3.4]**는 1251명의 저명인사들을 대상으로 출생한 달과 사망한 달을 조사하여 정리한 표이다. 이 자료를 이용하여 사람은 생일이 지날 때까지 죽음을 이겨내는 경향이 있는지 검증해 보자.

[표 3.4] 출생한 달과 이전, 이후의 달에 사망한 수

사망 월	이전						출생한 달	이후				
	6	5	4	3	2	1		1	2	3	4	5
사망자 수	90	100	87	96	101	86	119	118	121	114	113	106

검정하고자 하는 가설은

H_0 : 생일이 사망에 영향을 주지 않는다
H_1 : 생일이 지날 때까지 죽음을 이겨내는 경향이 있다

이며, 검정통계량 W(Y-표본의 순위합)의 관측값은 다음과 같이 계산한다. 즉 출생한 달 및 출생 월 이전에 죽은 사람들을 X-표본, 출생한 달 이후에 사망한 사람들은 Y-표본으로 하여 혼합순위를 계산하면 다음 표와 같다.

순서통계량	86	87	90	96	100	101	106	113	114	118	119	121
혼합순위	1	2	3	4	5	6	7	8	9	10	11	12
표본							Y	Y	Y	Y		Y

빈칸은 X-표본임

위의 표로부터 Y-표본의 순위합은 $W= 7+8+9+10+12 =46$이다. 한편 $m = 7$, $n = 5$이므로, Y-표본 순위합 W의 평균과 분산은 각각

$$\mu_W = \frac{n(N+1)}{2} = 32.5$$

$$\sigma_W^2 = Var(W) = \frac{mn(N+1)}{12} = 37.9$$

이다. 따라서 정규근사에 의한 p-값은

$$P(W \geq 46) \simeq P\left(Z \geq \frac{46-0.5-32.5}{\sqrt{37.9}}\right) = P(Z \geq 2.11) \approx 0.017$$

이다. p-값이 매우 작으므로, 이는 대립가설에 대한 강력한 증거가 될 수 있다. 따라서 사람들은 그들의 의지력을 발휘하여 생일이나 축제 또는 기념일 등과 같은 중요한 행사가 돌아올 때까지 죽음을 이겨낼 수 있다고 판단된다.

JMP에 의한 순위합검정 수행

[예제 3.2]의 문제를 JMP로 수행하여 보자. **[그림 3.1]**과 같이 자료를 데이터테이블에 입력한다. **[그림 3.2]**와 같이 메인메뉴에서 [Analyze>Fit Y by X]를 선택한 후, **[그림 3.3]**의 [Fit Y by X] 대화상자를 완성한다. [Fit Y by X] 대화상자의 왼쪽 상자에서 분석하고자 하는 변수 death-number를 선택한 후 [Y, Response] 단추를 클릭하여 오른쪽 상자로 보낸다. 다음에는 왼쪽 상자에서 그룹을 분류하는 변수 death_time을 선택한 후 [X, Factor] 단추를 클릭하여 오른쪽 상자로 보내고 [OK]단추를 클릭한다. **[그림 3.4]**는 [Analyze>Fit Y by X] 메뉴에 의한 첫 번째 출력 윈도우로서 두 변수의 산점도가 출력된다. **[그림 3.4]**의 [Fit Y by X]플랫폼에서 왼쪽 붉은 화살표를 클릭하면 팝업메뉴가 **[그림 3.5]**와 같이 나타난다. 이 팝업메뉴에서 [Nonparametric>Wilcoxon Test]를 선택하여 윌콕슨의 순위합검정을 수행한다. 윌콕슨의 순위합검정 결과는 **[그림 3.6]**과 같다. 출력결과 플랫폼에서 양측 p-값=0.0348이므로, 단측 p-값=0.0348/2=0.0174 임을 알 수 있다. 따라서 대립가설에 대한 강력한 증거가 됨을 확인할 수 있다.

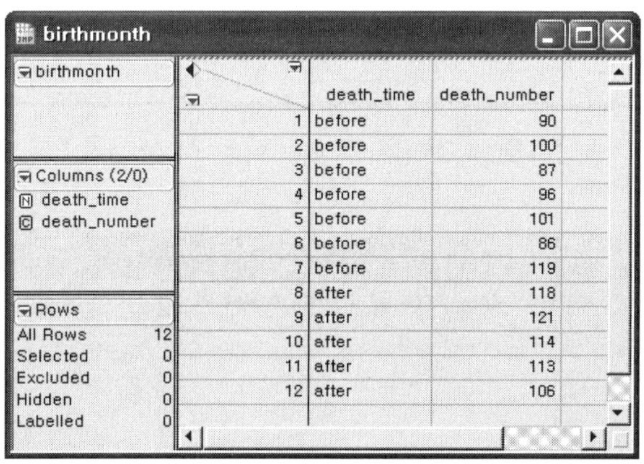

	death_time	death_number
1	before	90
2	before	100
3	before	87
4	before	96
5	before	101
6	before	86
7	before	119
8	after	118
9	after	121
10	after	114
11	after	113
12	after	106

[그림 3.1] 자료입력이 완료된 데이터테이블 윈도우

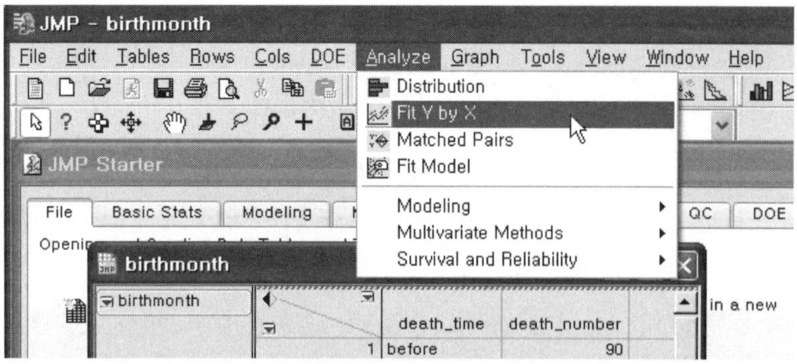

[그림 3.2] 메인 메뉴의 [Analyze>Fit Y by X] 선택 화면

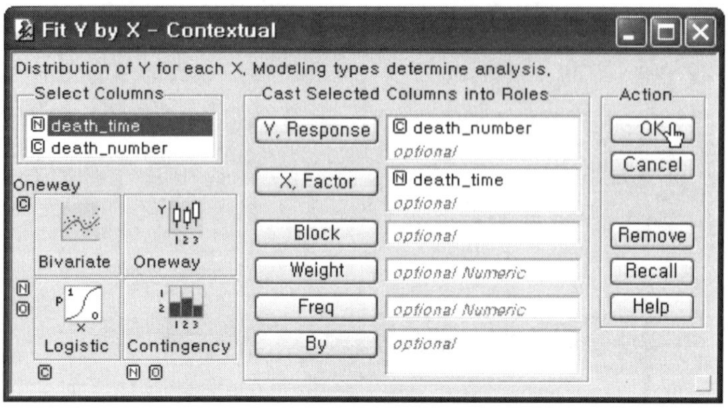

[그림 3.3] [Fit Y by X]의 대화상자

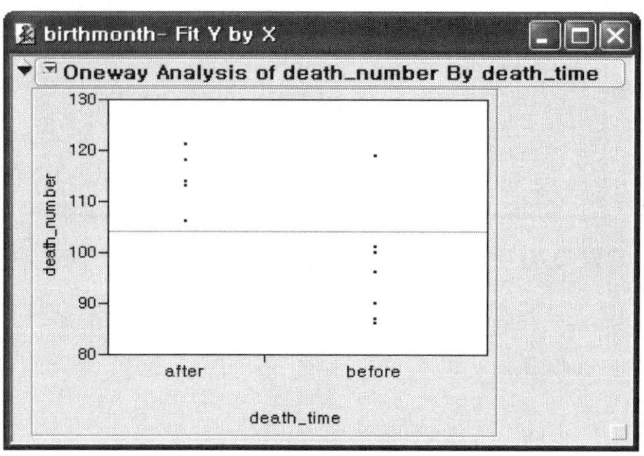

[그림 3.4] 첫 번째 출력 윈도우

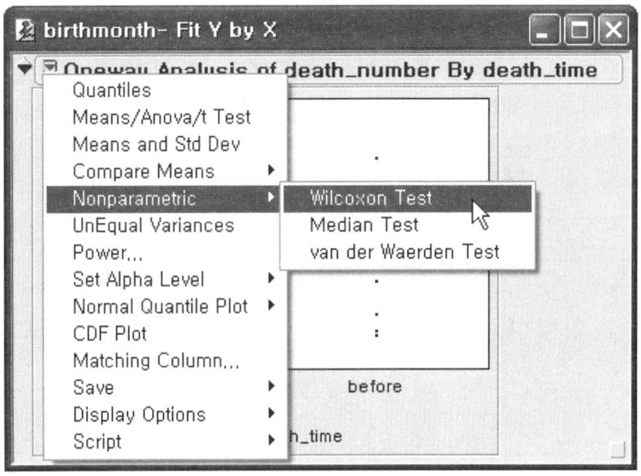

[그림 3.5] 윌콕슨 검정 선택을 위한 팝업메뉴

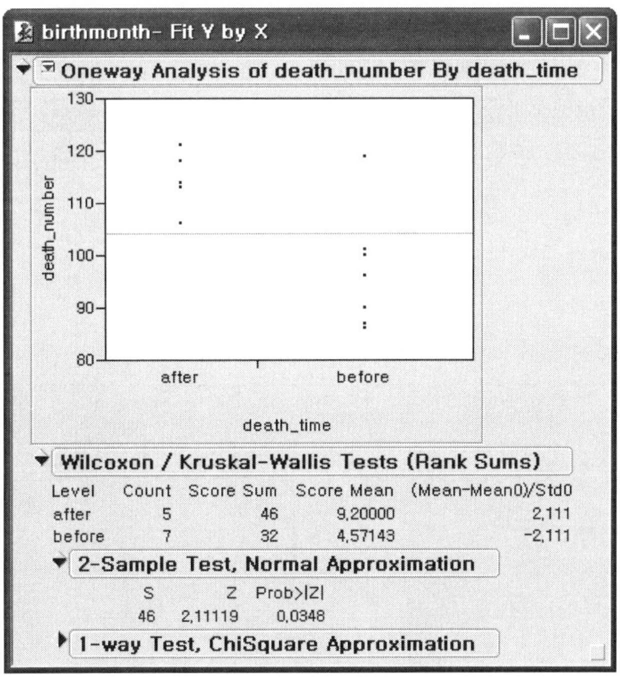

[그림 3.6] 윌콕슨의 순위합검정 결과

4 맨-위트니 검정

연속확률분포 $F(x)$에서 추출한 m개의 X-표본 $x_1, \cdots, x_m$과 이와는 독립적으로 $G(y)$에서 추출한 n개의 Y-표본 $y_1, \cdots, y_n$을 쌍으로 묶는다. 이 때 생기는 mn개 쌍의 조합 중 X-표본의 관측값보다 큰 Y-표본의 관측값 개수를 맨-위트니 통계량이라고 한다. 즉 맨-위트니(Mann-Whitney) 통계량을 U라 하면,

$$U = \sum_{i=1}^{m} \sum_{j=1}^{n} \psi(x_i, y_j), \quad \psi(x_i, y_j) = \begin{cases} 1, & y_j > x_i \\ 0, & y_j < x_i \end{cases}$$

이 된다.

순위합통계량과 맨-위트니 통계량의 관계

연속확률분포 $F(x)$에서 3개의 X-표본과 이와는 독립적으로 연속확률분포 $G(y)$에서 2개의 Y-표본을 얻었다고 하자. 그러면 맨-위트니 통계량의 확률분포는 **[표 3.5]**를 이용하여 구할 수 있다. **[표 3.5]**에서 알 수 있듯이 맨-위트니 통계량에 3을 더하면 순위합통계량이 된다.

[표 3.5] 순위합통계량과 맨-위트니 통계량의 관계

혼합순위 1	2	3	4	5	$Y > X$ 경우의 수	Y-표본의 순위합
			Y	Y	6	9
		Y		Y	5	8
	Y			Y	4	7
Y				Y	3	6
		Y	Y		4	7
	Y		Y		3	6
Y			Y		2	5
	Y	Y			2	5
Y		Y			1	4
Y	Y				0	3

빈칸은 X 표본에 할당된 관측값

일반적으로 m개의 X-표본 $x_1, \cdots, x_m$과 n개의 Y-표본 $y_1, \cdots, y_n$이 주어질 경우, Y-표본의 순위합통계량을 W, 맨-위트니 통계량을 U라고 하면, 이 두 통계량 사이에는

$$U = W - \frac{n(n+1)}{2}$$

의 관계가 성립한다. 따라서 순위합 검정과 맨-위트니 검정은 동일한 검정법임을 알 수 있다.

맨-위트니 통계량을 이용한 $P(Y > X)$의 추정

맨-위트니 통계량의 성질을 이용하면 $P(Y > X)$를 추정할 수 있다. 연속확률분포 $F(x)$에서 추출한 m개의 X-표본 $x_1, \cdots, x_m$과 이와는 독립적으로 $G(y)$에서 추출한 n개의 Y-표본 $y_1, \cdots, y_n$을 생각하자. 맨-위트니 통계량은

$$U = \sum_{i=1}^{m} \sum_{j=1}^{n} \psi(x_i, y_j), \quad \psi(x_i, y_j) = \begin{cases} 1, & y_j > x_i \\ 0, & y_j < x_i \end{cases}$$

이므로, $P(Y > X)$를 다음과 같이 추정할 수 있다. 즉 추정량 $V = \widehat{P(Y > X)}$는

$$V = \widehat{P(Y > X)} = \frac{U}{mn} = \frac{W - n(n+1)/2}{mn}$$

이다. 여기서 $P(Y > X) = p$라고 하면,

$$E(U) = \sum_{i=1}^{m} \sum_{j=1}^{n} E(\psi(X_i, Y_j)) = \sum_{i=1}^{m} \sum_{j=1}^{n} p = mnp$$
$$E(V) = p$$

이므로, 추정량 V는 $P(Y > X)$의 불편 추정량이다.

5 두 독립표본의 랜덤화검정

랜덤화 방법

특성값이 잡다한 여러 요인에 의해 영향을 받는 경우, 특성값들을 비교하기 위해서는 랜덤화 방법이라는 통계적 절차에 따라 이러한 특성값들을 비교할 수 있다. 예를 들어 동물의 자극 반응실험에서 두 개의 주사약 A, B에 따른 평균반응시간에 차이가 있는지를 비교하는 실험을 생각해 보자. 주사약 A와 주사약 B를 랜덤하게 각각 다섯 마리의 실험쥐에 할당한 후 반응시간을 측정한다. 이 때 나타나는 평균의 차이가 우연의 산물인지 아니면 근본적인 두 주사약 간에 존재하는 특성에 따른 차이인지를 알아보기 위해서는 가설검정이 필요하다. 이런 경우 피셔의 랜덤화검정에 의해 p-값을 계산하여 의사결정을 할 수 있다.

랜덤화검정(randomization test) – 小표본을 통한 이해

검정을 위한 가설은

H_0 : X와 Y의 분포가 같다, H_1 : X보다 Y가 확률적으로 더 크다

또는

$$H_0 : \mu_x = \mu_y, \quad H_1 : \mu_x < \mu_y$$

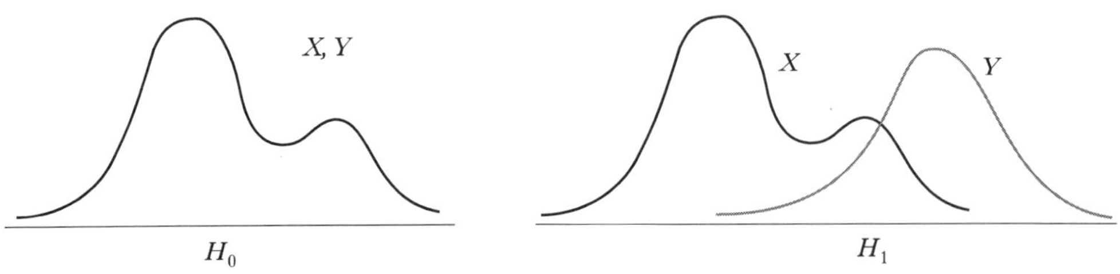

으로 설정할 수 있다. 위의 가설을 검정하기 위해 다음과 같은 표본 관측값을 얻었다고 하자.

X-표본 : 108, 96, 120 Y-표본 : 150, 126

두 표본의 평균 차이는 $\bar{y}-\bar{x}=138-108=30$이다. 귀무가설이 참일 때(즉, 두 표본이 같은 분포에서 나온 관측값일 때), 평균의 차이가 30 이상이 될 우연의 가능성은 얼마일까? 그 우연의 가능성이 매우 희박하다면, 이 결과는 두 집단의 근본적인 특성 차에 기인하는 것으로 판단할 수 있을 것이다.

귀무가설 하에서 검정통계량의 표본분포(sampling distribution)를 구해보자. 귀무가설이 참일 경우 5개의 관측값 중에서 임의의 두 관측값이 Y-표본으로 할당되는 것은 우연에 의한 현상이므로, 5개 자료 중 비복원으로 2개를 추출하여 Y에 할당하는 모든 경우의 수 $\binom{5}{2}=10$은 발생확률이 같아진다. **[표 3.6]**은 두 표본의 평균 차이에 대한 모든 가능한 조합을 나열한 것이다. 이 표로부터 유의확률 p-값을 계산하면

$$p-\text{값}=P(\overline{Y}-\overline{X}\geq 30\mid H_0)=0.1$$

이 된다. 유의수준을 5%로 할 경우, p-값이 유의수준보다 크므로 귀무가설을 기각할 수 없게 된다. 이 자료에서와 같이 각 표본에 할당된 자료의 개수가 적을 때는 수작업에 의해 유의확률이 계산가능하나, 표본크기가 약간만 늘어나도 수작업에 의한 계산은 불가능하므로 컴퓨터 시뮬레이션을 통해 p-값을 계산하여야 한다.

[표 3.6] 평균차이의 모든 가능한 조합

관측 값	96	108	120	126	150	$\bar{y}-\bar{x}$
1				Y	Y	138−108 = 30
2			Y		Y	135−110 = 25
3		Y			Y	129−114 = 15
4	Y				Y	123−118 = 5
5			Y	Y		123−118 = 5
6		Y		Y		117−122 = −5
7	Y			Y		111−126 = −15
8		Y	Y			114−124 = −10
9	Y		Y			108−128 = −20
10	Y	Y				102−132 = −30

빈칸은 X-표본에 할당된 관측값

6 모수적 방법과 비교

2표본 t-검정

[예제 3.2]의 출생월과 사망월의 문제에서 출생월(포함) 이전에 사망한 경우의 표본을 X-표본, 출생월 이후에 사망한 경우의 표본을 Y-표본으로 하여 2-표본 t-검정을 실시해 보자. 검정을 위한 가설은

$$H_0 : \mu_X = \mu_Y, \quad H_1 : \mu_X < \mu_Y$$

으로 설정할 수 있다. 이러한 가설을 검정하기 위한 검정통계량은

$$t = \frac{\overline{Y} - \overline{X}}{S_p \sqrt{\frac{1}{n} + \frac{1}{m}}}, \quad S_p^2 = \frac{\sum_{j=1}^{n}(Y_j - \overline{Y})^2 + \sum_{i=1}^{m}(X_i - \overline{X})^2}{n+m-2}$$

이며, 검정통계량 t는 귀무가설이 참일 때 자유도 $(n+m-2)$의 t-분포에 따른다. 검정통계량의 관측값이 $t^* = 3.12$이므로, 유의확률 p-값은

$$p-\text{값} = P(t \geq 3.12) = 0.0055$$

이다. 유의확률이 매우 작아 유의한 결과가 얻어졌으므로 귀무가설을 기각하는 의사결정을 할 수 있다.

JMP에 의한 2-표본 t-검정

메인메뉴의 [Analyze > Fit Y by X]를 선택한 후, 분석변수에 대한 정보를 입력하여 얻어진 [Fit Y by X]플랫폼의 팝업메뉴(**[그림 3.7]** 참조)에서 [Means/Anova/tTest]를 클릭하면, 2-표본 t-검정 결과를 **[그림 3.8]**과 같이 얻을 수 있다.

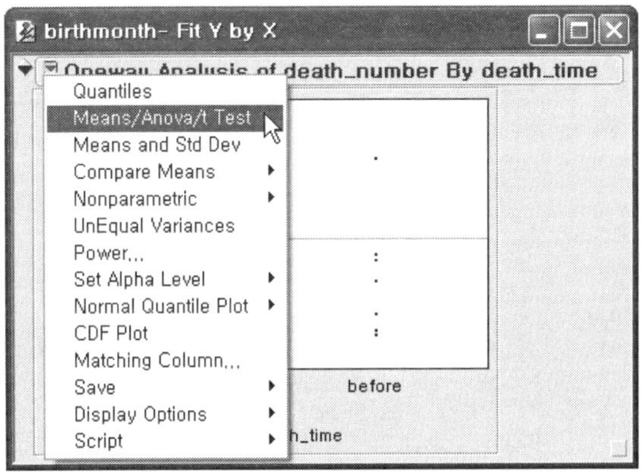

[그림 3.7] t-검정을 위한 팝업메뉴

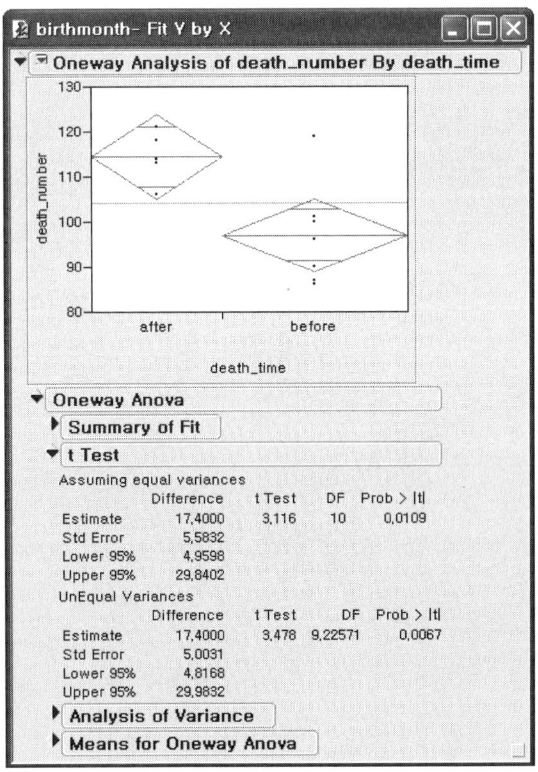

[그림 3.8] t-검정 결과화면

t-검정과의 효율비교

대표본 이론에 의한 모수적 t-검정과 비모수적 검정(윌콕슨의 순위합검정 W, median score를 이용한 중위수점수 검정 median)과의 근사상대효율(ARE)을 비교하면 다음과 같다.

모 분포 \ ARE	$ARE(W,\ t)$	$ARE(W,\ \text{median})$
정규분포	.955	1.5
균일분포	1.0	3.0
양방향지수분포	1.5	0.75

CHAPTER 4 쌍체표본의 위치 문제

1 쌍체표본의 비교

두 처리에 따른 효과의 차이(또는 두 집단의 평균 차이)를 비교하는 방법에는 독립표본으로 처리하는 경우와 쌍체표본을 이용하는 경우가 있다. 독립표본으로 처리하는 경우에는 개별적인 실험단위 또는 관찰단위들이 동질성(homogeneity)을 유지해야 한다. 왜냐하면 두 처리에 의한 반응측정값의 차이가 처리효과만의 차이에 의해 나타나도록 되는 것이 바람직하기 때문이다.

그러나 실제적으로 동질적인 실험단위들을 얻는 것이 힘든 경우가 많이 있으며, 동질성을 유지하도록 하기 위하여 실험이나 표본추출 단계에서 상당한 제약이 뒤따르게 되어 추론의 범위를 좁히는 결과를 초래하게 된다. 이와 같은 상황에서는 하나의 실험단위에 두 개의 처리를 실시하거나, 또는 동질적인 실험단위들을 두 개씩 블록으로 묶은 후 여기에 두 개의 처리를 실시함으로써 두 처리 효과의 비교를 효율적으로 수행할 수 있을 것이다. 이와 같은 비교를 쌍체표본에 의한 비교라고 한다.

쌍체표본의 비교실험 예를 알아보자. **[표 4.1]**은 15쌍의 쌍둥이를 뽑아 먼저 나온 쌍둥이(X)와 나중에 나온 쌍둥이(Y)에게 적극성 검사를 실시하여 얻은 심리검사표이다. 여기서 높은 점수는 보다 적극성이 강한 것을 나타낸다. 이 자료에서 두 처리, 즉 먼저 나온 쌍둥이와 나중 나온 쌍둥이의 적극성의 차이를 알아보기 위해서는 두 처리에 의한 반응측정값의 차이

$$D_i = X_i - Y_i, \quad i = 1,\ 2,\ \cdots,\ 15$$

를 이용하여 검정하여야 한다. 따라서 쌍체표본에 관한 검정법은 단일표본의 평균 또는 중위수에 관한 검정에도 적용할 수 있다. 이를 위한 비모수적 검정으로는 부호검정과 부호순위검정이 있다.

[표 4.1] 쌍둥이의 적극성에 관한 심리검사자료(가상자료)

쌍 번호	1	2	3	4	5	6	7	8	9	10	11	12	13	14	15
먼저 나온 쌍둥이(x)	65.3	68.6	70.5	63.8	64.1	73.4	78.6	64.6	73.6	80.6	67.3	82.5	79.7	85.8	71.3
나중 나온 쌍둥이(y)	63.2	69.0	68.1	60.3	65.3	72.8	70.4	66.9	70.0	78.1	63.2	78.6	70.9	76.0	93.0

2 부호검정

부호검정(sign test)은 비모수적 검정법 중에서 역사가 가장 오래된 것으로, 사용하기에 간편하며 실제로 이항분포표만 있으며 수작업으로 가능한 검정법이다. **[표 4.1]**과 같은 자료에서 차이($D = X - Y$)를 생성하는 분포 모양에 대해 아무런 정보가 없을 때, 차이의 중위수에 대해 적용할 수 있는 비모수적 검정법이다. 따라서 단일표본의 중위수에 대한 검정법으로도 사용할 수 있다(2장의 6번 참조).

차이의 중위수 m_d가 0인지에 대한 다음의 가설

$$H_0 : m_d = 0, \quad H_1 : m_d > 0$$

을 검정하는 부호검정의 절차에 대해 알아보자. **[표 4.1]**의 자료를 이용한 부호검정에서 검정하고자 하는 귀무가설은 먼저 나온 쌍둥이와 나중 나온 쌍둥이 사이에는 적극성에 차이가 없다는 가설이다. 검정하고자 하는 가설은 다음과 같이 확률로 다시 표현할 수 있다. 즉

$$H_0' : P(D>0) = P(D<0) = 1/2, \quad H_1' : P(D>0) > 1/2$$

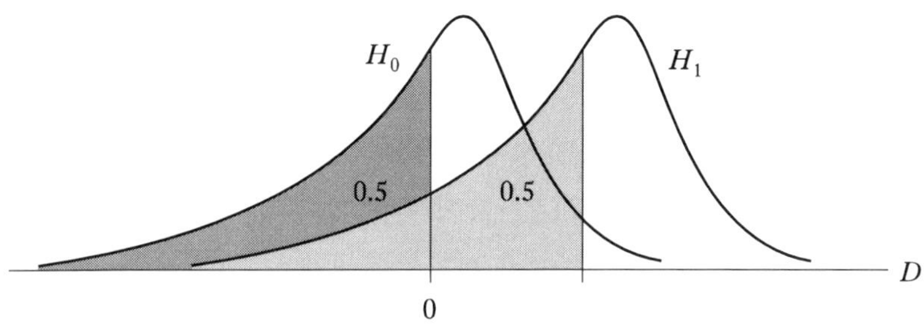

차이 $D_1, D_2, \cdots, D_n$ 중에서 양(+)의 값의 개수를 S라 하면, S는 귀무가설 하에서 이항분포를 따른다. 즉

$$S \sim B(n,\ 1/2)$$

이다. 여기서 S의 큰 값이 대립가설을 지지하는 쪽이므로 기각역은 $\{S > c\}$가 된다.

쌍 번호	1	2	3	4	5	6	7	8	9	10	11	12	13	14	15
먼저 나온 쌍둥이(x)	65.3	68.6	70.5	63.8	64.1	73.4	78.6	64.6	73.6	80.6	67.3	82.5	79.7	85.8	71.3
나중 나온 쌍둥이(y)	63.2	69.0	68.1	60.3	65.3	72.8	70.4	66.9	70.0	78.1	63.2	78.6	70.9	76.0	93.0
차이(d_i)의 부호	+		+	+		+	+		+	+	+	+	+	+	

[표 4.1]의 자료에서 양의 값을 갖는 d_i(차이)의 개수는 $s = 11$이므로, 이항분포표로부터 유의확률 p-값은

$$p-\text{값} = P(S \geq 11 \mid H_0) = \sum_{k=11}^{15} \binom{15}{k} \left(\frac{1}{2}\right)^{15} = 0.059$$

이 된다. 따라서 5% 유의수준에서 유의한 차이를 인정할 수 없으므로, 먼저 나온 쌍둥이와 나중에 나온 쌍둥이 사이에 적극성 차이는 없는 것으로 판단한다.

3 윌콕슨의 부호순위검정

앞의 부호검정에서는 차이 D_i의 부호만을 고려하여 검정통계량을 계산하지만, 윌콕슨의 부호순위검정(Wilcoxon signed ranks test)에서는 D_i의 부호와 함께 이들의 상대적인 크기를 고려함으로써 반응측정값이 갖고 있는 정보를 더 많이 이용하게 된다. 그러나 부호검정에서와는 달리 부호순위검정에서는 확률변수 D의 분포형태가 대칭일 것을 필요로 한다. 따라서 쌍체표본에서 차이 D의 확률분포 모양이 대칭이라는 추가정보가 있을 때, 적용할 수 있는 비모수적 검정법이다. 대칭을 가정하기 때문에 차이의 평균 μ_d에 대한 가설검정 문제도 동일한 방법으로 처리할 수 있다.

부호순위검정을 위한 가설은

$$H_0 : \mu_d = \mu_x - \mu_y = 0, \qquad H_1 : \mu_d = \mu_x - \mu_y > 0$$

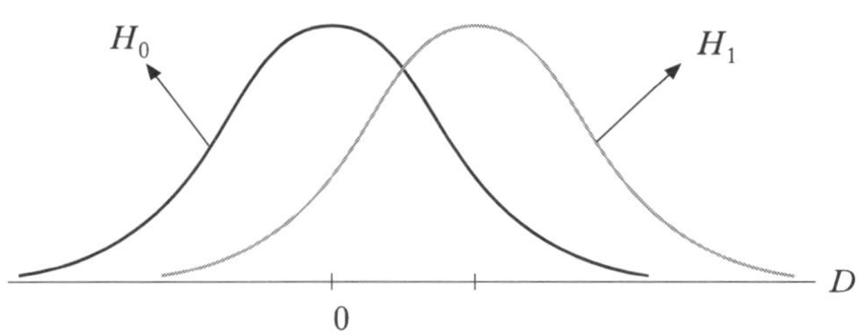

으로 설정할 수 있다.

부호순위통계량의 부호와 순위를 부여하는 방법

쌍체표본의 두 반응측정값이 $(x_i,\ y_i)$, $i = 1,\ \cdots,\ n$이라고 하자. 여기서 두 반응측정값의 차이 $d_i = x_i - y_i$, $i = 1,\ \cdots,\ n$을 계산한다. 다음에는 차이의 절대값 $|d_i|$에 순위 $R_i = \text{rank}(|d_i|)$를 부여한다. 이 때 d_i가 0인 경우는 제외시키며, 동일한 값(ties)을 가질 때에는 이들의 평균순위를 부여한다. 그러면 부호순위통계량 W^+는

$$W^{+} = \sum_{i=1}^{n} I(d_i) \cdot R_i$$

이다. 여기서

$$R_i \in \{1, 2, \cdots, n\}, \quad I(d_i) = \begin{cases} 1, & \text{if } d_i > 0 \\ 0, & \text{if } d_i < 0 \end{cases}$$

이다.

예제 4.1

가상자료를 통한 부호순위검정 절차를 알아보자. 4명($n = 4$)의 폐질환 환자에게 특수치료를 하기 전과 후의 폐동맥 혈압을 측정한 결과가 다음의 **[표 4.2]**와 같다. 이 치료법이 폐동맥 혈압을 저하시키는지 여부를 알고 싶다. 따라서 검정을 위한 가설은

$$H_0 : \mu_d = \mu_x - \mu_y = 0, \quad H_1 : \mu_d = \mu_x - \mu_y > 0$$

으로 설정할 수 있다.

[표 4.2] 치료 전후의 폐동맥 혈압

환자	1	2	3	4
치료 전(x)	33	17	30	25
치료 후(y)	21	18	22	19
차이($x_i - y_i$)	12	–1	8	6
차이 절대값	12	1	8	6
절대값 순위	4	1	3	2

다음으로는 **[표 4.2]**를 이용하여 부호순위통계량 W^{+}를 계산하여 보자. 차이 절대값의 순위를 계산한 후 부호순위통계량을 계산하면, W^{+}의 관측된 값은 $t^{*} = 4+3+2=9$이다. 다음의 **[표 4.3]**은 차이 절대값의 순위와 모든 가능한 부호의 조합을 나열한 것이다. 따라서 **[표 4.3]**을 이용하면 귀무가설($H_0 : \mu_d = 0$) 하에서 W^{+}의 확률분포를 **[표 4.4]**와 같이 구할 수 있다.

[표 4.3] $n=4$일 때, 차이 절대값의 순위와 부호의 조합(배열의 수$=2^4=16$)

차이 절대값의 순위				W^+의 가능한 값	차이 절대값의 순위				W^+의 가능한 값
1	2	3	4		1	2	3	4	
+	+	+	+	10	–	+	+	–	5
–	+	+	+	9	+	–	+	–	4
+	–	+	+	8	+	+	–	–	3
+	+	–	+	7	–	–	–	+	4
+	+	+	–	6	–	–	+	–	3
–	–	+	+	7	–	+	–	–	2
–	+	–	+	6	+	–	–	–	1
+	–	–	+	5	–	–	–	–	0

[표 4.4] 부호순위통계량 W^+의 확률분포

$P(W^+=t)$	1/16	1/16	1/16	2/16	2/16	2/16	2/16	2/16	1/16	1/16	1/16
t	0	1	2	3	4	5	6	7	8	9	10

치료 후 혈압(y)이 치료 전 혈압(x)보다 떨어지는 현상(즉 차이 d_i가 양(+)의 큰 값을 갖는 현상)은 대립가설($H_1 : \mu_d = \mu_x - \mu_y > 0$)을 지지하는 입장이므로, 기각역은 $\{W^+ > t\}$이 된다. [표 4.2]의 자료로부터 W^+의 관측된 값이 $t^* = 9$이므로, 유의확률 p-값은

$$p-\text{값} = P(W^+ \geq 9 \mid H_0) = 2/16 = 0.125 \ (12.5\%)$$

이 된다. 이 경우 유의수준을 5%로 하면, p-값이 유의수준보다 크므로 귀무가설을 기각할 수 없게 된다. 따라서 특수치료 전후의 폐동맥 혈압에는 차이가 없는 것으로 판단한다.

4 부호순위검정의 정규근사

부호순위통계량의 평균과 분산

귀무가설이 참일 때, 차이 절대값의 순위에 모든 가능한 부호를 배열하면 검정통계량 W^+의 정확한 확률분포를 얻을 수 있다. 그러나 표본의 크기가 커짐에 따라 순위와 부호의 모든 가능한 조합배열은 방대한 작업이 되어 수작업이 현실적으로 불가능하다. 따라서 이럴 경우에는 정규근사에 의해 p-값을 계산하여야 한다.

정규근사를 위해 W^+의 평균과 분산을 구해보자. W^+는 서로 연관된 부호순위의 합으로 되어 있으므로 평균과 분산을 직접 계산하는 것이 쉽지 않다. 따라서 W^+와 동일한 분포(동일한 평균과 분산)를 갖는 확률변수를 정의한 후, 새롭게 정의된 확률변수의 평균과 분산을 구해서 정규근사에 이용하는 것이 편리하다.

V_1, V_2, $\cdots$, V_n은 서로 독립인 확률변수로서

$$P(V_k = k) = P(V_k = 0) = \frac{1}{2}, \quad k = 1, 2, \cdots, n$$

라고 정의하자. 그러면 W^+와 $\sum_{k=1}^{n} V_k$는 동일한 확률분포를 가진다. 따라서 귀무가설이 참일 때, 검정통계량 W^+의 평균과 분산은

$$E_0(W^+) = E\left(\sum_{k=1}^{n} V_k\right) = \sum_{k=1}^{n} E(V_k) = \sum_{k=1}^{n}\left(k \cdot \frac{1}{2} + 0 \cdot \frac{1}{2}\right) = \frac{n(n+1)}{4}$$

$$Var_0(W^+) = Var\left(\sum_{k=1}^{n} V_k\right) = \sum_{k=1}^{n} Var(V_k) = \frac{n(n+1)(2n+1)}{24}$$

$$\left(\because E(V_k^2) = k^2 \cdot \frac{1}{2} + 0^2 \cdot \frac{1}{2} = \frac{k^2}{2}, \quad \sum_{k=1}^{n} k^2 = \frac{n(n+1)(2n+1)}{6}\right)$$

이다.

부호순위통계량의 정규근사

부호순위통계량 W^+를 표준화하여 중심극한정리를 적용하면, 귀무가설 하에서

$$Z_0 = \frac{W^+ - E_0(W^+)}{\sqrt{Var_0(W^+)}} \simeq N(0,\ 1), \quad as \quad n \to \infty$$

이 된다. 동일한 값(ties)이 많이 있을 때에는 다음의 분산공식

$$Var_0(W^+) = \left\{n(n+1)(2n+1) - 0.5\sum(\tau_i+1)\tau_i(\tau_i-1)\right\}/24$$

을 이용한다. 여기서 $\tau_1,\ \cdots,\ \tau_r$은 동일한 절대 차이값을 갖는 각 세트 안의 개체 수를 나타낸다.

예제 4.2

[표 4.1]의 쌍둥이 심리검사자료를 이용하여 부호순위검정을 실시하여 보자. 검정을 위한 가설은

$$H_0 : \mu_d = \mu_x - \mu_y = 0, \qquad H_1 : \mu_d = \mu_x - \mu_y > 0$$

으로 설정할 수 있다. 검정통계량 W^+의 관측값은 **[표 4.5]**를 이용하여 계산하면, W^+의 관측값=4+6+8+2+12+9+7+11+10+13+14=96이다.

[표 4.5] 부호순위통계량을 계산하기 위한 표

쌍 번호	1	2	3	4	5	6	7	8	9	10	11	12	13	14	15
먼저 나온 쌍둥이(x)	65.3	68.6	70.5	63.8	64.1	73.4	78.6	64.6	73.6	80.6	67.3	82.5	79.7	85.8	71.3
나중 나온 쌍둥이(y)	63.2	69.0	68.1	60.3	65.3	72.8	70.4	66.9	70.0	78.1	63.2	78.6	70.9	76.0	93.0
차이 ($d_i = x_i - y_i$)	2.1	-0.4	2.4	3.5	-1.2	0.6	8.2	-2.3	3.6	2.5	4.1	3.9	8.8	9.8	-21.7
절대차이의 순위	4	1	6	8	3	2	12	5	9	7	11	10	13	14	15

표본크기가 $n=15$일 때 검정통계량 W^+의 평균 및 분산(귀무가설 하에서)은

$$E_0(W^+) = \frac{n(n+1)}{4} = \frac{15(15+1)}{4} = 60$$

$$Var_0(W^+) = \frac{n(n+1)(2n+1)}{24} = \frac{15(15+1)(2 \cdot 15+1)}{24} = 310$$

이다. 정규근사에 의해

$$Z_0 = \frac{W^+ - E_0(W^+)}{\sqrt{Var_0(W^+)}} \simeq N(0,\ 1)$$

이므로, p-값은

$$p-\text{값} \simeq P\left(Z \geq \frac{96-60}{\sqrt{310}}\right) = P(Z \geq 2.04) = 0.0207$$

이다. 5% 수준에서 유의한 차이가 인정되어, 먼저 나온 쌍둥이가 더 적극적인 것으로 판단된다.

5 JMP에 의한 부호순위검정

[표 4.1]의 쌍둥이 심리검사자료를 이용하여 부호순위검정을 JMP로 수행하여 보자. **[그림 4.1]**과 같이 자료를 입력한다. 제 1열의 변수(x)와 제 2열의 변수(y)에 대한 자료를 먼저 입력한 후, 제 3열의 변수는 기존의 변수를 이용하여 만든다.

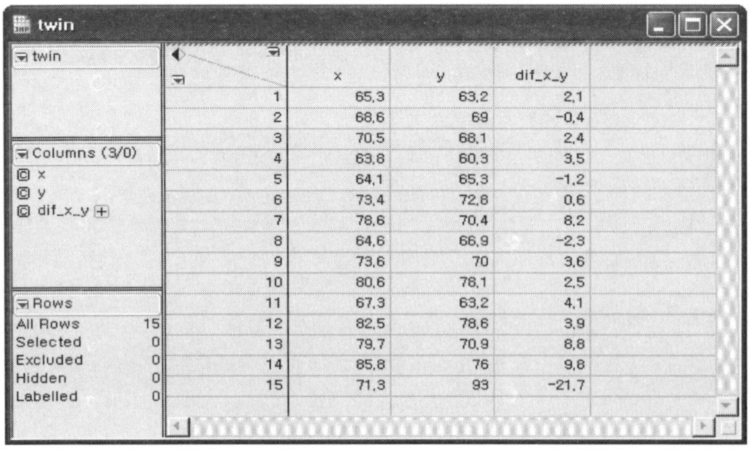

	x	y	dif_x_y
1	65.3	63.2	2.1
2	68.6	69	-0.4
3	70.5	68.1	2.4
4	63.8	60.3	3.5
5	64.1	65.3	-1.2
6	73.4	72.8	0.6
7	78.6	70.4	8.2
8	64.6	66.9	-2.3
9	73.6	70	3.6
10	80.6	78.1	2.5
11	67.3	63.2	4.1
12	82.5	78.6	3.9
13	79.7	70.9	8.8
14	85.8	76	9.8
15	71.3	93	-21.7

[그림 4.1] 자료입력이 완료된 데이터테이블 윈도우

분석을 위한 메뉴 선택

[그림 4.2]와 같이 분석을 위한 메뉴를 선택한다. 메인메뉴에서 [Analyze>Distribution]을 선택한다.

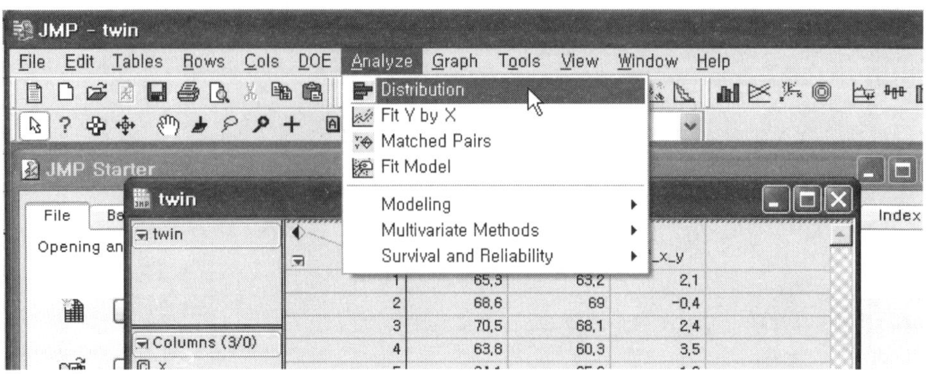

[그림 4.2] 메인메뉴의 [Analyze>Distribution] 선택화면

변수선택 대화상자

[그림 4.3]의 [Distribution] 대화상자를 완성한다. 분석하고자 하는 변수 dif_x_y를 선택한 후 [Y, Columns]단추를 클릭하여 분석하고자 하는 변수를 오른쪽 상자로 보낸 다음 [OK]단추를 클릭한다.

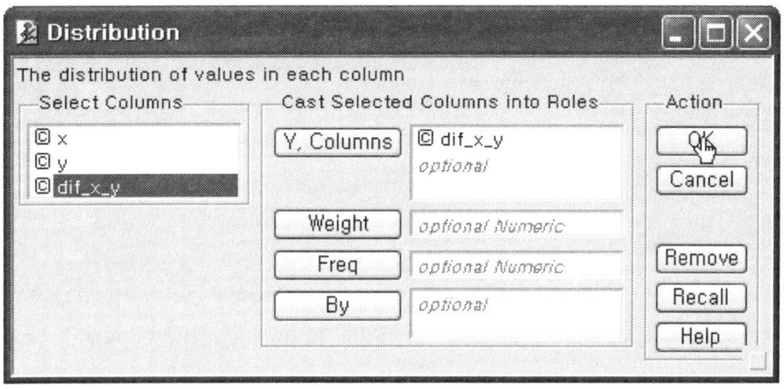

[그림 4.3] [Distribution] 대화상자

가설검정을 위한 팝업메뉴

[Analyze>Distribution] 메뉴에 의한 첫 번째 출력 플랫폼에서 추가적인 분석을 위해 **[그림 4.4]**와 같이 분석변수(dif_x_y) 왼쪽에 있는 붉은 색 화살표를 클릭한다. 가설검정을 위해서는 팝업메뉴에서 [Test Mean]을 클릭한다.

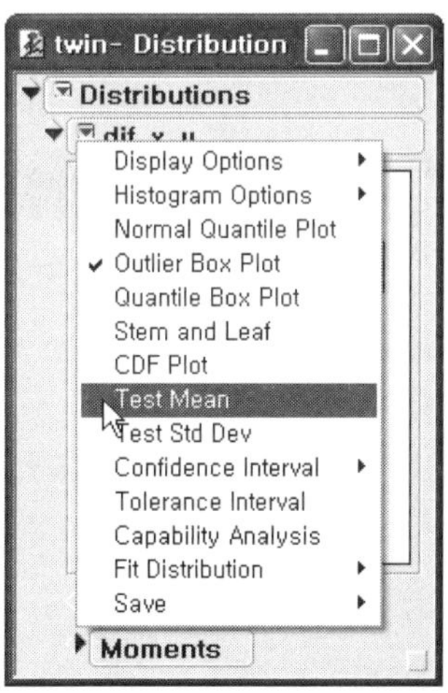

[그림 4.4] 가설검정을 위한 팝업메뉴

[Test Mean]의 대화상자

[그림 4.5]는 팝업메뉴에서 [Test Mean]을 클릭한 후의 대화상자이다. 대화상자에서 귀무가설에서 설정할 값을 입력한 후 [OK]단추를 클릭하면 결과가 출력된다. t-검정 결과는 디폴트로 출력되며, 선택적으로 부호순위검정 결과가 출력된다.

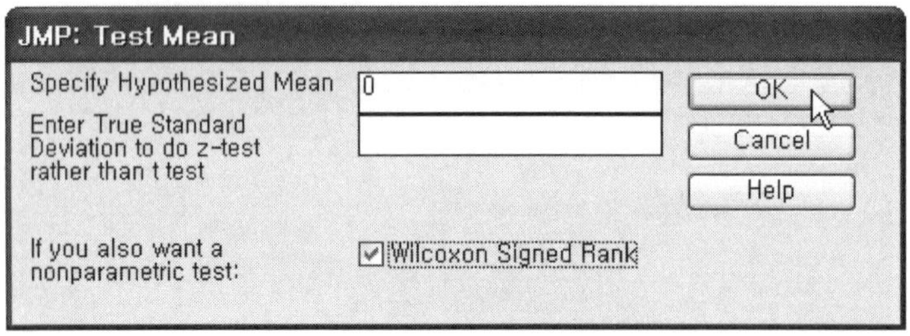

[그림 4.5] 팝업메뉴에서 선택한 [Test Mean]의 대화상자

부호순위검정 결과

[그림 4.6]은 부호순위검정 결과를 보여주는 플랫폼이다. t-검정 결과도 함께 출력된다. 부호순위통계량의 값(=36)은 중심화하여 얻어진 값이다. 즉

$$W^+ - \frac{n(n+1)}{4} = 96 - 60 = 36$$

이다. p-값=0.021이므로, 유의수준 5%에서 귀무가설을 기각한다.

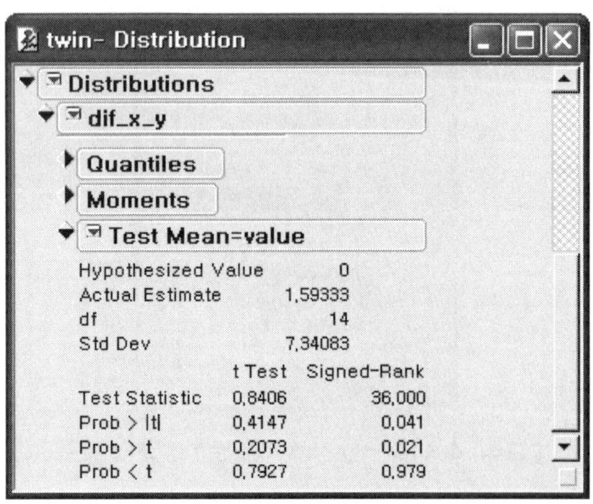

[그림 4.6] 부호순위검정 결과

6 쌍체표본의 랜덤화검정

쌍체표본에 대한 랜덤화검정을 소표본의 경우를 예로 하여 알아보자. 이 경우에도 쌍의 차이로 대표되는 확률변수의 분포 모양은 대칭을 전제로 한다. 4명($n=4$)의 폐질환 환자에게 특수치료를 하기 전과 후의 폐동맥 혈압을 측정한 결과가 **[표 4.2]**와 같다. 이 치료법이 폐동맥 혈압의 저하에 효과가 있는지를 랜덤화검정으로 실시해보자.

검정을 위한 가설은

$$H_0 : \mu_d = \mu_x - \mu_y = 0, \quad H_1 : \mu_d = \mu_x - \mu_y > 0$$

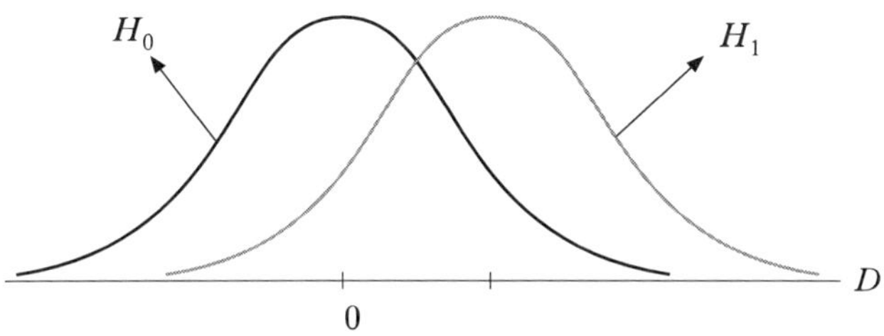

으로 설정할 수 있다.

랜덤화검정을 위한 검정통계량 계산

각 쌍의 관측값으로부터 차이변량을 계산한다. 랜덤화검정에서는 양(+)의 차이변량 합을 검정통계량으로 사용한다. 다음의 표에서

$$\text{검정통계량}(T) = \text{양(+)의 차이변량 합} = 12+8+6 = 26$$

이다.

환 자	1	2	3	4
치료전(x)	33	17	30	25
치료후(y)	21	18	22	19
차이($d_i = x_i - y_i$)	12	–1	8	6

양(+)의 값을 갖는 차이변량 합의 확률분포

주어진 자료에서 차이변량의 관측값은

$$d_1 = 12,\ \ d_2 = -1,\ \ d_3 = 8,\ \ d_4 = 6$$

이다. 귀무가설이 참이면, 차이변량은 0을 중심으로 대칭인 분포에서 나온 관측값으로 볼 수 있다. 차이변량의 값이 양(+)이나 음(-)을 갖는 것은 우연에 의한 결과로 볼 수 있으므로

$$P(d > 0) = 0.5, \quad P(d < 0) = 0.5$$

이다. 4개 관측값의 모든 가능한 조합의 수는 $2^4 = 16$이며, 귀무가설 하에서 똑같은 확률을 갖는다. 따라서 **[표 4.6]**으로부터 양(+)의 값을 갖는 차이변량의 합인 T의 확률분포를 구할 수 있다. p-값을 계산하면

$$p-\text{값} = P(T \geq 26 \mid H_0) = 2/16 = 0.125\,(12.5\%)$$

이므로, 유의수준 5%에서 귀무가설을 기각할 수 없다. 이 자료에서와 같이 표본의 크기가 작을 때에는 수작업에 의해 유의확률이 계산가능하다. 그러나 표본크기가 약간만 늘어나도 수작업에 의한 계산은 많은 시간을 필요로 하므로 이럴 경우에는 컴퓨터 시뮬레이션을 통해 p-값을 계산하여야 한다.

[표 4.6] $n=4$일 때, 차이변량의 가능한 부호배열(배열의 수$=2^4=16$)

차이변량의 값				T의 가능한 값	차이변량의 값				T의 가능한 값
1	6	8	12		1	6	8	12	
+	+	+	+	27	−	+	+	−	14
−	+	+	+	26	+	−	+	−	9
+	−	+	+	21	+	+	−	−	7
+	+	−	+	19	−	−	−	+	12
+	+	+	−	15	−	−	+	−	8
−	−	+	+	20	−	+	−	−	6
−	+	−	+	18	+	−	−	−	1
+	−	−	+	13	−	−	−	−	0

7 모수적 방법과 비교

쌍체표본 t-검정

[예제 4.2]의 쌍체표본 관측값을

$$(x_1,\ y_1),\ (x_2,\ y_2),\ \cdots,\ (x_n,\ y_n)$$

이라 하자. 각 쌍의 차이를 계산하여

$$d_i = x_i - y_i, \quad i = 1,\ \cdots,\ n$$

을 얻었을 때, $d_1,\ \cdots,\ d_n$이 $N(\mu_d,\ \sigma_d^2)$로부터의 확률표본으로 가정하자. 그러면 두 처리에 의한 반응차이의 평균 μ_d에 관해 t-검정을 실시할 수 있다. 여기서 검정하고자 하는 가설은

$$H_0 : \mu_d = \mu_x - \mu_y = 0, \qquad H_1 : \mu_d = \mu_x - \mu_y > 0$$

으로 설정할 수 있다. 다음의 검정통계량

$$t = \frac{\bar{d}}{s_d / \sqrt{n}}, \quad s_d^2 = \frac{\sum_{i=1}^{n}(d_i - \bar{d})^2}{n-1}$$

는 귀무가설 하에서 자유도 $(n-1)$의 t-분포에 따른다. 이 때 p-값은

$$p-\text{값} = P(t \geq t_0 \mid H_0)$$

으로 계산한다. 여기서 t_0는 관측값에 의해 계산한 검정통계량의 값이다.

[예제 4.2]의 자료를 이용하면 $\bar{d} = 1.59$, $s_d^2 = 53.89$, $s_d = 7.34$, $n = 15$이므로 검정통계량의 관측값은

$$t_0 = \frac{\bar{d}}{s_d / \sqrt{n}} \simeq 0.84$$

이다. 유의확률은

$$p-\text{값} = P(t(14) \geq 0.84) \simeq 0.21\,(21\%)$$

이며, p-값이 크므로 귀무가설을 기각할 만큼 유의한 차이가 인정되지 않는다. 비모수적 방법과는 큰 차이를 보이고 있다. JMP에 의한 쌍체표본 t-검정 결과는 **[그림 4.6]**과 같다.

모수적 검정과 비모수적 검정의 효율비교

대표본 이론에 의한 모수적 t-검정과 비모수적 검정(부호검정(S), 부호순위검정(W^+))과의 근사상대효율(ARE)을 비교하면 다음과 같다. 모분포가 정규분포일 때는 t-검정이 부호순위검정보다 약간 효율이 좋으나, 양방향지수분포에서는 효율이 많이 떨어진다. 양방향지수분포에서는 부호검정의 효율이 가장 좋음을 알 수 있다.

모 분포 \ ARE	$ARE(W^+,\ t)$	$ARE(W^+,\ S)$
정규분포	.955	1.5
균일분포	1.0	3.0
양방향지수분포	1.5	0.75

5 분포에 관한 적합도검정

CHAPTER

1 다항분포와 적합도검정

관측된 결과가 어떤 특성을 갖는지에 따라 몇 개의 범주로 나뉘어 분류 정리되었을 때, 각 범주에 속하는 빈도로 이루어진 자료를 범주형 자료라고 한다. 여기서 몇 개의 범주를 갖는 변수를 범주형 변수라 하며 일반적으로 명목척도나 순서척도로 측정된 관측치를 갖는 변수가 될 것이다. 한 예로 이항분포의 자료는 두 개의 범주를 갖는 범주형 변수에 대한 관측자료가 된다.

이항분포에 의한 범주형 자료를 일반화하면 다항분포를 얻을 수 있다. 매 시행에서 상호배반인 k개의 사건 A_1, A_2, $\cdots$, A_k중 하나가 나타나고, 각 사건의 확률이 $P(A_i)=p_i$, $i=1$, $\cdots$, k으로 매 시행마다 일정하다고 하자. n회의 독립된 시행에서 각 사건이 나타나는 빈도를 n_1, n_2, $\cdots$, n_k라 하면, 다항확률변수 n_1, n_2, $\cdots$, n_k의 확률밀도함수는

$$f(n_1, \cdots, n_k)=\frac{n!}{n_1!\cdots n_k!}p_1^{n_1}\cdots p_k^{n_k}$$

이며

$$(n_1, \cdots, n_k) \sim \text{multi}(n, p_1, \cdots, p_k)$$

으로 표기한다. 여기서 $n_1+\cdots+n_k=n$, $p_1+\cdots+p_k=1$이다.

다항분포의 적합도검정

다항 관측자료 $f_1, \cdots, f_k$는 다항분포

$$(n_1, \cdots, n_k) \sim \text{multi}(n, p_1, \cdots, p_k), \quad n = n_1 + \cdots + n_k$$

에 따르는 관측자료이다. 즉 다항 확률변수$(n_1, \cdots, n_k)$의 관측자료이다. 여기서 각 범주의 확률에 대한 다음의 가설

$$H_0 : p_i = p_{i0}, \quad i = 1, \cdots, k \; (p_{i0} \text{는 주어진 상수값임})$$

을 검정하는 문제를 생각해 보자. 즉, k개의 범주로 된 다항분포에서 각각의 범주에 속할 확률이 $(p_{10}, \cdots, p_{k0})$에 적합한지를 검정하고자 한다.

위의 가설을 검정하기 위한 검정통계량은 각 범주의 관측도수와 기대도수의 편차에 근거하여 구할 수 있다. 귀무가설 하에서 i번째 범주의 기대도수는

$$e_i = np_{i0}, \quad i = 1, \cdots, k$$

이며, 각 범주별 관측도수와 기대도수의 1원 분류표는 아래와 같이 정리된다.

도수 \ 범주	1	2	$\cdots$	k
관측도수(f_i)	f_1	f_2	$\cdots$	f_k
기대도수(e_i)	e_1	e_2	$\cdots$	e_k

위에서 설정된 귀무가설 H_0를 검정하기 위한 카이제곱통계량은

$$Q = \sum_{i=1}^{k} \frac{(f_i - e_i)^2}{e_i} \simeq \chi^2(k-1)$$

이며, 자유도 $(k-1)$의 카이제곱분포에 따른다. 여기서 자유도는 범주의 수(k)에서 1을 뺀 값이다. 검정통계량 Q는 각 범주의 기대도수가 5이상$(e_i \geq 5)$일 때, 카이제곱

분포에 잘 근사한다. 따라서 기대도수가 5 미만인 범주가 있을 때는 좌우의 칸과 합쳐 기대도수가 5 이상이 되도록 분류표를 새로 작성한 후(자유도도 바뀜) 계산하는 것이 바람직하다.

귀무가설이 참이 아닐 경우, Q의 값은 커지는 경향이 있다. 따라서 Q의 큰 값은 대립가설을 지지하는 입장이므로 기각역은 $\{Q \geq c\}$이 되고, 유의확률 p-값은

$$p-\text{값} \approx P(\chi^2(k-1) \geq q_0)$$

이다. 여기서 q_0는 관측값에 의해 계산된 Q의 값을 나타낸다.

예제 5.1

하나의 육면체 주사위를 60번 던져서 나온 눈목 1, 2, ⋯, 6의 관측도수는 각각 11, 8, 8, 10, 11, 12 이었다. 이 주사위가 공정하게 만들어진 주사위인지를 검정하여 보자.

주사위의 각 눈목이 나올 확률을 p_i, $i = 1, \cdots, 6$이라 하자. 그러면 검정하고자 하는 가설은

$$H_0 : p_i = 1/6,\ i = 1, \cdots, 6, \quad H_1 : not\ H_0$$

이다. 귀무가설 하에서 각 눈목의 기대도수는 $e_i = n \times p_i = 60 \times (1/6) = 10$이므로, 검정통계량의 실현값 q_0는

$$\begin{aligned} q_0 &= \sum_{i=1}^{6} \frac{(f_i - e_i)^2}{e_i} \\ &= \{(11-10)^2 + (8-10)^2 + \cdots + (12-10)^2\}/10 \\ &= (1+4+4+0+1+4)/10 = 1.4 \end{aligned}$$

이다. 유의확률은

$$p-\text{값} \approx P(\chi^2(5) \geq 1.4) = 0.924$$

이 되어, 5% 유의수준에서 귀무가설을 기각할 수 없다. 따라서 이 주사위는 공정한 것으로 판단된다.

예제 5.2

멘델의 유전법칙에 의하면, 어떤 작물의 두 계통을 교배하여 나온 잡종은 네 종류 유전인자 A, B, C, D별로 9:3:3:1의 비율로 나타난다고 한다. 교배하여 나온 잡종 1312개를 추출하여 유전인자별로 분류해 보니 A, B, C, D별로 각각 779, 233, 240, 60개였다. 이 작물의 교배 잡종이 유전법칙에 따르는지를 검정하여 보자.

검정하고자 하는 다항확률을 가설로 표현하면

$$H_0: p_1 = 9/16,\ p_2 = 3/16,\ p_3 = 3/16,\ p_4 = 1/16$$

과 같다. 각 유전인자별 기대도수는

$$e_1 = n \times p_1 = 1312 \times (9/16),\ \cdots$$

이므로, 관측도수와 기대도수에 관한 1원 분류표는 아래와 같다.

유전인자	A	B	C	D
관측도수(f_i)	779	233	240	60
기대도수(e_i)	738	246	246	82

위의 1원 분류표에 따라 검정통계량을 계산하면

$$\begin{aligned} q_0 &= \sum_{i=1}^{4} \frac{(f_i - e_i)^2}{e_i} \\ &= \frac{(779-738)^2}{738} + \cdots + \frac{(60-82)^2}{82} = 9.01 \end{aligned}$$

이다. 유의확률 p-값은

$$p-\text{값} \approx P(\chi^2(3) \ge 9.01) = 0.029(2.9\%)$$

이므로 5% 유의수준에서 귀무가설이 기각된다. 따라서 이 작물의 잡종교배에 의한 유전인자별 비율은 멘델의 유전 법칙을 따르지 않는 것으로 판단된다.

예제 5.3

다음의 51개 숫자들은 어떤 컴퓨터의 난수발생기로부터 만든 난수들이다. 난수발생기가 제대로 작동하는지 5% 유의수준에서 검정하여 보자.

3 5 0 7 7 6 6 3 4 9 1 1 4 3 6 4 2 0 8 8
3 0 8 2 3 6 8 9 5 6 7 6 6 4 1 9 0 2 2 1
7 5 3 5 2 1 9 4 1 4 1

난수발생기로부터 생성된 일련의 숫자들이 난수이기 위한 조건은 다음과 같다. 즉 똑같은 숫자가 연이어 나타날 확률은 1/10, 1 차이가 나는 숫자가 연이어 나타날 확률은 2/10, 2이상 차이가 나는 숫자가 연이어 나타날 확률은 7/10이다. 이러한 난수의 성질을 이용하여 검정하고자 하는 가설을 설정하면

$$H_0 : p_1 = 1/10, \quad p_2 = 2/10, \quad p_3 = 7/10$$

와 같다. 3개 범주별 기대도수는

$$e_1 = n \times p_1 = 50 \times (1/10), \quad e_2 = 50 \times (2/10), \quad e_3 = 50 \times (7/10)$$

이므로, 관측도수와 기대도수에 관한 1원 분류표는 아래와 같다.

범주 / 도수	같은 숫자	'1 차이' 숫자	'2이상 차이' 숫자	합계
관측도수(f_i)	6	11	33	50
기대도수(e_i)	5	10	35	50

위의 1원 분류표에 따라 검정통계량을 계산하면

$$\begin{aligned} q_0 &= \sum_{i=1}^{3} \frac{(f_i - e_i)^2}{e_i} \\ &= \frac{(6-5)^2}{5} + \frac{(11-10)^2}{10} + \frac{(33-35)^2}{35} = 0.414 \end{aligned}$$

이다. 자유도 2인 카이제곱분포의 상위 5% 분위수가 $\chi^2_{0.05}(2) = 5.991$이므로

$$q_0 = 0.414 < \chi^2_{0.05}(2) = 5.991$$

이 되어(채택영역에 속함) H_0를 기각할 수 없다. 따라서 이 컴퓨터의 난수발생기는 제대로 작동한다고 볼 수 있다.

JMP에 의한 적합도검정

[예제 5.2]의 멘델의 유전법칙 실험자료를 JMP로 분석하여 보자. [예제 5.2]의 분류표 자료를 **[그림 5.1]**과 같이 데이터테이블에 입력한다. 다음에는 분석을 위한 메뉴를 선택한다. 메인메뉴에서 [Analyze>Distribution]을 선택한 후, [Distribution]대화상자를 완성하고 [OK]단추를 클릭하면 [Distribution]플랫폼이 나타난다.

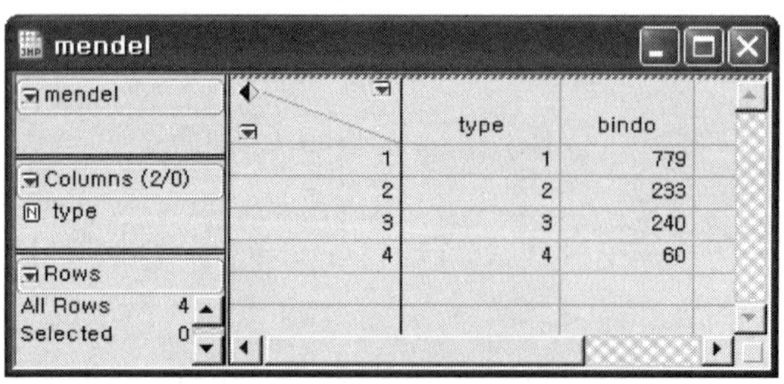

[그림 5.1] 자료입력이 완료된 데이터테이블 윈도우

[Distribution]플랫폼에서 변수 type 왼편의 붉은 화살표를 클릭하면 추가분석을 위한 팝업메뉴가 **[그림 5.2]**와 같이 나타난다. 팝업메뉴에서 [Test Probabilities]를 클릭하면 분류표의 각 범주 확률을 입력하기 위한 대화상자가 **[그림 5.3]**과 같이 나타난다. **[그림 5.3]**의 대화상자에서 [Hypoth Prob]항목의 빈칸에 범주 확률을 입력한 후 [Done]단추를 클릭하면, **[그림 5.4]**와 같은 카이제곱 적합도검정의 최종 플랫폼이 나타난다. 피어슨 카이제곱통계량이 9.0136, p-값이 0.0291(2.9%)로 출력됨을 확인할 수 있다.

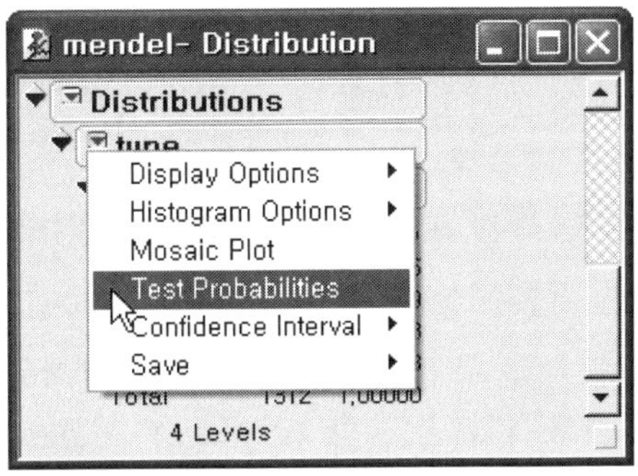

[그림 5.2] 추가분석을 위한 팝업메뉴

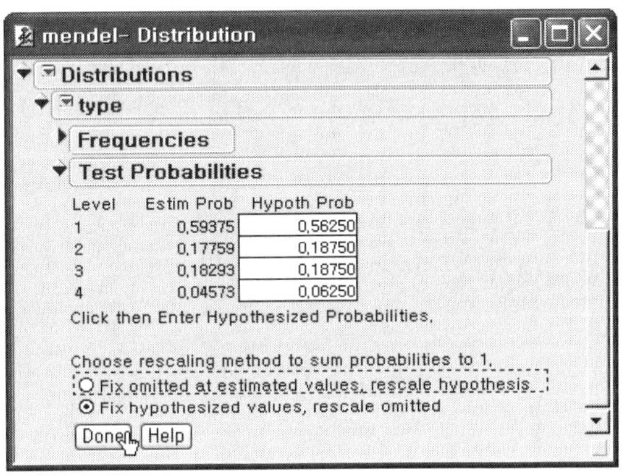

[그림 5.3] 범주 확률 입력을 위한 대화상자

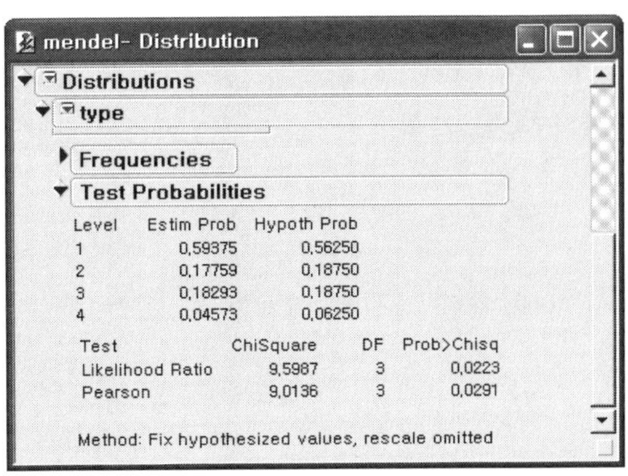

[그림 5.4] 1원 분류표의 카이제곱검정을 위한 최종 플랫폼

2 이산형 분포에 대한 적합도검정

확률실험에서 한 세트의 관측자료 x_1, x_2, $\cdots$, x_n가 얻어졌을 때, 이 자료가 어느 주어진 분포로부터 추출된 확률표본의 관측값들 인지를 결정하는 문제를 생각해 보자. 이러한 문제는 다항확률의 분류표를 작성한 후, 카이제곱 적합도검정을 적용하여 해결할 수 있다. 여기서는 주어진 분포가 이산형인 경우에 대해서 알아보자.

예제 5.4

동전 4개를 던지는 실험을 100회 반복 실시하여 표면이 0, 1, 2, 3, 4로 나타난 경우가 각각 7회, 18회, 40회, 31회, 4회 나타났다. 이 실험결과가 이항분포 $B(4,\ 1/2)$에 잘 따르는지 검정하여 보자.

다항분포의 각 범주를 $A_1=\{0\}$, $A_2=\{1\}$, $A_3=\{2\}$, $A_4=\{3\}$, $A_5=\{4\}$로 놓으면, 주어진 이항분포에서 각 범주의 확률은

$$p_{10}=p_{50}=\binom{4}{0}\left(\frac{1}{2}\right)^4=\frac{1}{16}=0.0625$$

$$p_{20}=p_{40}=\binom{4}{1}\left(\frac{1}{2}\right)^4=\frac{4}{16}=0.25$$

$$p_{30}=\binom{4}{2}\left(\frac{1}{2}\right)^4=\frac{6}{16}=0.375$$

이다. 따라서 검정하고자 하는 가설

$$H_0 : X \sim B(4,\ 1/2)$$

는 다음과 같이 다항확률에 관한 가설로 대체할 수 있다. 즉

$$H_0^{'} : p_i = p_{i0},\ i=1,\ 2,\ \cdots,\ 5$$

으로 설정할 수 있다. 귀무가설 하에서 각 범주별 기대도수는

$$e_1 = e_5 = 100 \times 0.0625 = 6.25$$
$$e_2 = e_4 = 100 \times 0.25 = 25$$
$$e_3 = 100 \times 0.375 = 37.5$$

이므로, 관측도수와 기대도수에 관한 1원 분류표는 아래와 같다.

범 주	A_1	A_2	A_3	A_4	A_5
관측도수(f_i)	7	18	40	31	4
기대도수(e_i)	6.25	25	37.5	25	6.25

관측도수와 기대도수를 이용하여 계산한 카이제곱통계량은

$$q_0 = \sum_{i=1}^{5} \frac{(f_i - e_i)^2}{e_i} = 4.47$$

이다. 자유도 4인 카이제곱분포의 상위 5% 분위수는 $\chi^2_{0.05}(4) = 9.448$이므로

$$q_0 = 4.47 < \chi^2_{0.05}(4) = 9.488$$

이 되어 H_0를 기각할 수 없다. 따라서 이항분포 $B(4,\ 1/2)$는 이 실험자료에 적합한 확률모형으로 볼 수 있다.

적합하고자 하는 확률모형에서 모수를 모르는 경우

지금까지 카이제곱통계량으로 검정하고자 하는 모든 귀무가설들은 그 가설 내에 미지의 모수가 포함되지 않은 가설들로써 가설로 설정된 확률모형이 완전한 경우이었다. 그러나 적합하고자 하는 확률모형이 미지의 모수를 포함하여 다항확률로 표현된 귀무가설이 이러한 미지의 모수의 함수로 나타내어지는 경우가 있다. 예를 들면, 3명의 자녀가 있는 가정에서 아이들의 성별분포를 알고자 할 때의 적합모형은

$n=3$인 이항분포 $B(3,\ p)$이나 미지의 모수 p를 포함하고 있다. 또는 [예제 5.5]에서처럼 바륨에서 방출되는 알파입자의 확률모형을 결정하고자 할 때의 적합모형은 포아송분포 Poisson(μ)로서 미지의 모수 μ를 포함하고 있다. 이러한 경우에는 미지의 모수를 최우추정치로 대체하고, 추정한 모수의 수만큼 자유도를 빼어 카이제곱 적합도검정을 실시한다. 즉

$$Q \simeq \chi^2(k-1-(\text{추정한 모수의 개수}))$$

이다.

예제 5.5

바륨에서 방출되는 알파입자를 매 1/10초 단위로 50회 측정하여 다음의 결과를 얻었다. 이 실험자료가 포아송분포에 적합한지를 검정하여 보자.

7	4	3	6	4	4	5	3	5	3
5	5	3	2	5	4	3	3	7	6
6	4	3	11	9	6	7	4	5	4
7	3	2	8	6	7	4	1	9	8
4	8	9	3	9	7	7	9	3	10

검정하고자 하는 가설은

$$H_0 : X \sim \text{Poisson}(\mu)$$

으로, 확률모형에 미지의 모수 μ를 포함하고 있다. 따라서 자료로부터 μ를 추정하고 알파입자 수에 따라 다항범주 A_i를 만든다. μ의 최우추정치는

$$\hat{\mu} = \overline{x} = (7+4+3+\cdots+9+3+10)/50 = 5.4$$

이므로, 이 추정치를 다항확률을 계산할 때 이용한다. 다항범주는

$$A_1 = \{0,\ 1,\ 2,\ 3\},\ A_2 = \{4\},\ A_3 = \{5\},$$
$$A_4 = \{6\},\ A_5 = \{7\},\ A_6 = \{8,\ 9,\ 10,\ \cdots\}$$

으로 놓자. 귀무가설 하에서 각 범주의 확률을 계산하면

$$P(A_1) = \sum_{i=0}^{3} \frac{e^{-5.4} \cdot 5.4^i}{i!} = 0.213,$$

$$P(A_2) = \frac{e^{-5.4} \cdot 5.4^4}{4!} = 0.160,$$

$$\vdots$$

$$P(A_6) = 1 - \sum_{i=0}^{7} \frac{e^{-5.4} \cdot 5.4^i}{i!} = 0.178$$

이므로, 다음의 표를 얻을 수 있다.

범주	A_1	A_2	A_3	A_4	A_5	A_6	합
관측도수	13	9	6	5	7	10	50
범주확률	0.213	0.160	0.173	0.156	0.120	0.178	1.0

위의 표를 이용하여 카이제곱 검정통계량을 계산하면

$$q_0 = \frac{[13-50(0.213)]^2}{50(0.213)} + \cdots + \frac{[10-50(0.178)]^2}{50(0.178)}$$
$$= 2.763 < 9.488 = \chi^2_{0.05}(6-1-1)$$

이 된다. 유의수준 5%에서 귀무가설을 기각할 수 없으므로 이 실험자료는 포아송분포에 적합하다고 볼 수 있다.

3 연속형 분포에 대한 적합도검정

연속형 관측자료 $x_1,\ x_2,\ \cdots,\ x_n$가 얻어졌을 때, 이 자료가 어느 주어진 연속형 분포에 적합한지를 결정하는 문제를 생각해 보자. 검정을 위한 가설은

$$H_0 : F(x) = F_0(x),\quad F_0(x)\text{는 알고 있는 연속형 분포함수}$$

으로 설정할 수 있으며, 다음의 절차에 따라 다항확률을 계산한 후 카이제곱 적합도 검정을 실시하여야 한다.

- 구간 $[0, 1]$을

  $$0 = b_0 < b_1 < b_2 < \cdots < b_k = 1$$

  와 같이 k개 구간으로 분할한다.

- 구간 $[0, 1]$ 사이의 값 b_i에 대응하는 분포함수 $F_0(x)$의 역함수 값을

  $$a_i = F_0^{-1}(b_i),\quad i = 1,\ 2,\ \cdots,\ k-1$$

  으로 계산한 후, 이에 따라 변수 X의 실수 값 범위를

  $$A_1 = (-\infty,\ a_1],$$
  $$A_i = (a_{i-1},\ a_i],\quad i = 2,\ 3,\ \cdots,\ k-1,$$
  $$A_k = (a_{k-1},\ \infty)$$

  와 같이 k개 구간으로 분할한다.

- 각 구간의 확률 p_{i0}를

  $$p_{i0} = P(X \in A_i),\quad i = 1,\ 2,\ \cdots,\ k$$

  으로 계산한다.

- 각 구간에 속한 관측도수 f_i 및 기대도수 $e_i = n \times p_{i0}$, $i=1, \cdots, k$를 계산한다.

- 카이제곱 검정통계량

$$Q = \sum_{i=1}^{k} \frac{(f_i - e_i)^2}{e_i}$$

을 계산한다. 카이제곱 검정통계량 Q는 귀무가설 하에서 자유도 $(k-1-r)$의 카이제곱분포에 따른다. 여기서

$$e_i = n \times p_{i0} = n \times P(X \in A_i),$$
$$r = \text{추정해야 할 모수의 개수}$$

이다.

예제 5.6

컴퓨터 테이프 상의 오류 기록간 거리를 X라고 할 때, X는 일반적으로 지수분포에 따른다. 다음의 자료는 테이프 상에 나타난 오류 기록간의 거리를 측정한 자료이다. 이 자료가 지수분포에 적합한지를 5% 유의수준에서 검정하여 보자.

30	79	38	47	22	52	36	36	7	57
3	22	30	14	8	32	15	21	12	12
6	67	6	7	35	78	28	74	5	9
37	1	3	3	44	160	50	27	61	15
39	44	130	18	6	1	32	116	23	12

검정하고자 하는 가설은

$$H_0 : X \sim f_0(x),\ \text{여기서}\ f_0(x) = (1/\theta)e^{-x/\theta},\ \theta > 0,\ x > 0$$

으로 설정할 수 있다. 주어진 자료로부터 θ를 추정하면

$$\hat{\theta} = \overline{x} = (30+79+38+\cdots+116+23+12)/50 = 34.2$$

이 된다.

다음에는 가설에서 설정된 확률모형을 이용하여 확률변수 X의 영역을 10개의 등확률 구간으로 만들어 보자. 구간 [0, 1]을

$$0 = b_0 < b_1 < \cdots < b_9 < b_{10} = 1,$$
$$b_i = i/10, \quad i = 0, 1, \cdots, 10$$

으로 분할한다. 변수 X의 실수 값 범위를 10개 등확률 구간으로 분할하면

$$a_i = F_0^{-1}(b_i), \quad i = 1, 2, \cdots, k-1$$

이 된다. 여기서

$$F_0(a) = \int_0^a f_0(x)dx = \int_0^a (1/\hat{\theta})e^{-x/\hat{\theta}}dx = 1 - e^{-a/34.2} = b,$$
$$-a/34.2 = \ln(1-b),$$
$$a = F_0^{-1}(b) = -34.2\ln(1-b)$$

이다. 따라서

$$a_1 = -34.2\ln(1-0.1) = 3.603$$
$$a_2 = -34.2\ln(1-0.2) = 7.632$$
$$a_3 = -34.2\ln(1-0.3) = 12.198$$
$$\vdots$$
$$a_9 = -34.2\ln(1-0.9) = 78.748$$

이 된다. 각 구간에 속한 관측도수 및 기대도수를 계산하면 아래의 표와 같다.

구간	관측도수	기대도수	구간	관측도수	기대도수
[0, 3.6]	5	5	(23.7, 31.3]	4	5
(3.6, 7.6]	6	5	(31.3, 41.2]	8	5
(7.6, 12.2]	5	5	(41.2, 55.0]	5	5
(12.2, 17.5]	3	5	(55.0, 78.7]	5	5
(17.5, 23.7]	5	5	(78.7, $+\infty$)	4	5

앞의 표를 이용하여 계산된 검정통계량 q_0는

$$q_0 = \sum_{i=1}^{10} \frac{(f_i - 5)^2}{5}$$
$$= 3.2 < 15.51 = \chi^2_{0.05}(10-1-1)$$

이 되어, 5% 유의수준에서 귀무가설을 기각할 수 없다. 즉 이 관측 자료는 지수분포에 잘 적합한 것으로 볼 수 있다.

4 콜모고로프 검정

지금까지 칼 피어슨이 제안한 카이제곱통계량의 적용에 대해서 알아보았다. 카이제곱통계량은 여러 형태의 검정에 이용되지만 특히 확률모형의 적합도검정에 매우 유용하게 적용된다. 이 절에서는 카이제곱 적합도검정과 비교될 수 있는 콜모고로프 검정에 대해서 알아보자. 콜모고로프 검정은 가설에서 규정한 확률분포와 경험적 분포사이의 적합성을 검정하는 방법으로 이루어진다.

연속확률분포 $F(x)$로부터 추출된 크기 n의 확률표본 관측값을

$$x_1,\ x_2,\ \cdots,\ x_n$$

이라 하고, 이들의 순서통계량을

$$y_1 < y_2 < \cdots < y_n$$

라고 하자. 그러면 경험적 분포함수(empirical distribution function) $F_n(x)$는

$$F_n(x) = \frac{\sum_{i=1}^{n} 1(X_i \le x)}{n}, \quad \text{여기서} \quad 1(X_i \le x) = \begin{cases} 1 & \text{if} \quad X_i \le x \\ 0 & \text{if} \quad X_i > x \end{cases}$$

으로 정의하며, **[그림 5.5]**와 같은 계단함수가 된다.

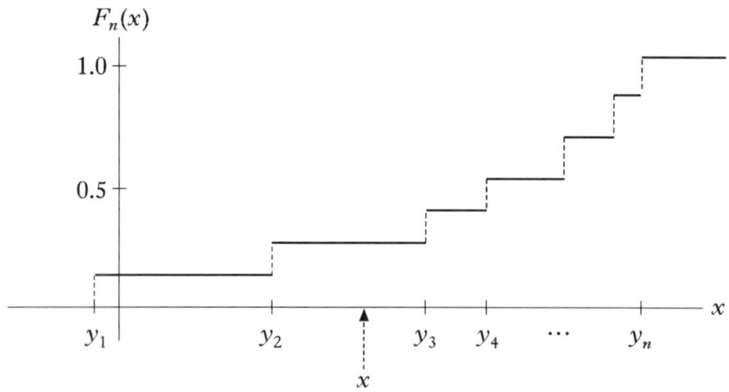

[그림 5.5] 경험적 분포함수의 그림

경험적 분포함수 $F_n(x)$의 성질

경험적 분포함수의 식으로부터 $\sum_{i=1}^{n} 1(X_i \le x) = nF_n(x)$이다. 확률분포 $F(\cdot)$로부터 추출된 확률변수 X_i가 구간 내 임의의 실수 x보다 같거나 작은 사건 $\{X_i \le x\}$을 '성공'이라 하면, $\sum_{i=1}^{n} 1(X_i \le x) = nF_n(x)$는 성공의 확률이 $P(X_i \le x) = F(x)$인 n회의 베르누이 시행에서 성공의 개수에 해당되는 이항확률변수가 된다. 따라서

$$\sum_{i=1}^{n} 1(X_i \le x) = nF_n(x) \sim B(n,\ F(x))$$

이다. 이항분포의 평균과 분산 공식을 이용하면, $F_n(x)$의 평균 및 분산은 각각

$$E(nF_n(x)) = nF(x) \Rightarrow E(F_n(x)) = F(x)$$
$$Var(nF_n(x)) = nF(x)(1-F(x)) \Rightarrow Var(F_n(x)) = \frac{F(x)(1-F(x))}{n}$$

임을 알 수 있다.

콜모고로프 적합도검정

미지의 연속분포로부터 생성된 확률표본 $x_1, x_2, \cdots, x_n$이 미리 주어진 분포함수 $F_0(x)$로부터의 표본인지를 검정하는 문제에 대해 알아보자. 콜모고로프 적합도검정은 확률표본의 관측값 $x_1, x_2, \cdots, x_n$의 경험적 분포함수(empirical distribution function) $F_n(x)$가 가설로 설정된 분포함수 $F_0(x)$에 잘 적합 하는지를 검정하는 것이다. **[그림 5.6]**은 가설로 설정된 분포함수 $F_0(x)$와 경험적 분포함수 $F_n(x)$를 겹쳐 그린 그림이다.

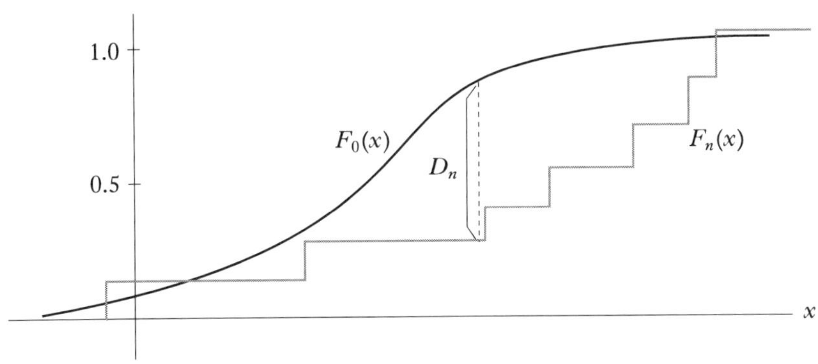

[그림 5.6] 가설로 설정된 분포함수와 경험적 분포함수

검정하고자 하는 가설은

$$H_0: F(x) = F_0(x), \quad H_1: F(x) \neq F_0(x)$$

으로 설정할 수 있다. 위의 가설을 검정하기 위한 콜모고로프 통계량은

$$D_n = \sup_x |F_0(x) - F_n(x)|$$

으로, 모든 가능한 x에서 가설로 설정된 분포함수와 경험적 분포함수의 최대수직거리이다. 따라서 유의수준 α에서의 기각역은

$$\{D_n \geq d_\alpha\}$$

이다.

예제 5.7

크기 $n=10$의 확률표본이 다음과 같이 얻어졌다.

0.621	0.503	0.203	0.477	0.710	0.581	0.329	0.480	0.554	0.382

이 자료가 (0, 1)의 균일분포 $U(0,1)$에 적합 하는지를 검정하여 보자. 균일분포의 분포함수는

$$F_0(x) = \begin{cases} 0 & \text{if} \quad x < 0 \\ x & \text{if} \quad 0 \leq x < 1 \\ 1 & \text{if} \quad 1 \leq x \end{cases}$$

이므로, 검정하고자 하는 가설은

$$H_0 : F(x) = F_0(x), \quad H_1 : F(x) \neq F_0(x)$$

으로 설정할 수 있다. 주어진 관측자료를 이용하여 순서통계량을 계산하면

$$0.203 < 0.329 < 0.382 < 0.477 < 0.480 < 0.503 < 0.554 < 0.581 < 0.621 < 0.710$$

이므로, 경험적 분포함수 $F_n(x)$를 **[그림 5.7]**과 같이 그릴 수 있다.

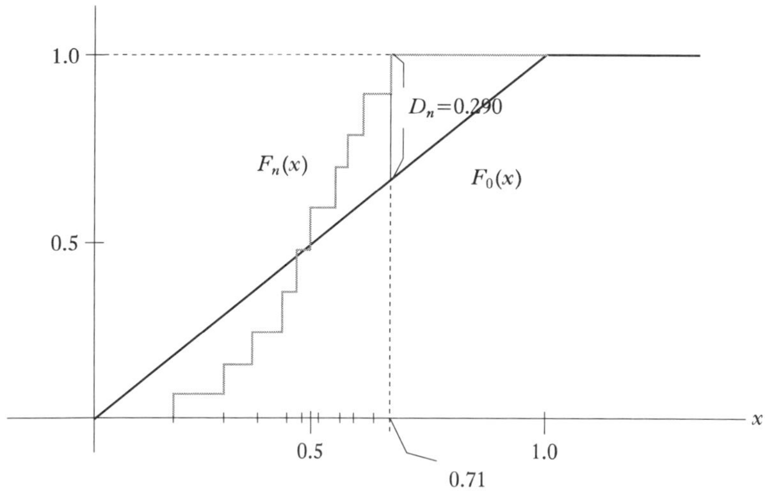

[그림 5.7] $F_0(x)$와 $F_n(x)$의 그래프

위의 **[그림 5.7]**로부터 콜모고로프 통계량 D_n의 관측값은

$$\sup_x |F_0(x) - F_n(x)| = 0.290$$

임을 알 수 있다. [부록표 10]의 백분위수표로부터, $n = 10$일 때 콜모고로프 통계량의 상위 5% 분위수는 $d_{0.05} = 0.409$이다. 따라서

$$0.290 < 0.409 = d_{0.05}$$

이므로, 유의수준 5%에서 귀무가설을 기각할 수 없다. 즉 주어진 자료는 균일분포에 적합한 자료로 볼 수 있다.

예제 5.8

컴퓨터 테이프 상의 오류 기록간 거리를 X라고 할 때, X는 일반적으로 지수분포에 따른다. 다음의 자료는 테이프 상에 나타난 오류 기록간의 거리를 측정한 자료이다. 이 자료가 지수분포에 적합 하는지를 5% 유의수준에서 콜모고로프 방법으로 검정하여 보자.

30	79	38	47	22	52	36	36	7	57
3	22	30	14	8	32	15	21	12	12
6	67	6	7	35	78	28	74	5	9
37	1	3	3	44	160	50	27	61	15
39	44	130	18	6	1	32	116	23	12

검정하고자 하는 가설은

$$H_0 : F(x) = F_0(x), \quad F_0(x) = 1 - e^{-x/\theta}, \quad \theta > 0, \quad x > 0$$

으로 설정할 수 있다. 콜모고로프 검정통계량 D_n의 관측값은

$$\sup_x |F_0(x) - F_n(x)| = 0.066$$

이다. [부록표 10]의 백분위수표로부터 콜모고로프 통계량의 상위 5% 분위수는 근사적으로 $1.36/\sqrt{50} \doteq 0.192$이다. 유의수준 5%에서의 기각역은

$$\{D_n > 0.192\}$$

이므로, 5% 유의수준에서 귀무가설을 기각할 수 없다. 즉 주어진 자료는 지수분포에 적합한 자료로 볼 수 있다.

JMP에 의한 콜모고로프 적합도검정

JMP에서 콜모고로프 검정을 수행할 때, 가설로 설정할 수 있는 분포의 종류에는 정규분포, 로그-정규분포, 지수분포, 감마분포, 그리고 베타분포가 있다. 단, 정규분포에 대한 적합도검정은 표본의 크기가 $n \geq 2000$일 때 콜모고로프 검정을 실시하고, 표본의 크기가 $n < 2000$일 때에는 샤피로-윌크 검정을 수행한다. [예제 5.8]의 검정문제를 JMP로 수행하여 보자.

[예제 5.8]의 자료를 **[그림 5.8]**과 같이 데이터테이블에 입력한다. 다음에는 분석을 위한 메뉴를 선택한다. 메인메뉴에서 [Analyze>Distribution]메뉴를 선택한 후, [Distribution]대화상자를 완성하고 [OK]를 클릭하면 [Distribution]플랫폼이 나타난다.

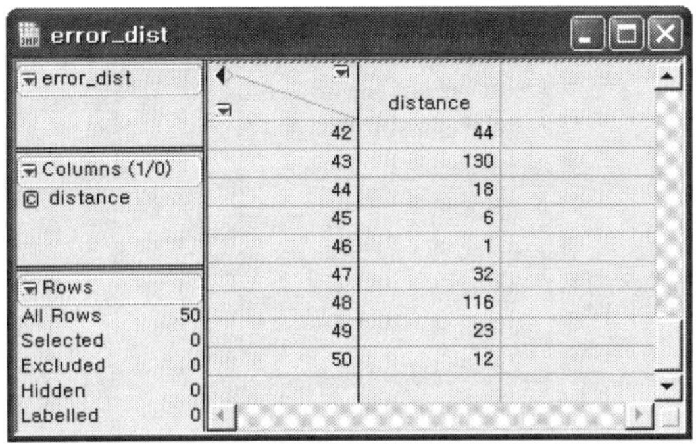

[그림 5.8] 자료입력이 완료된 데이터테이블 윈도우

[Distribution]플랫폼에서 변수 distance 왼편의 붉은 화살표를 클릭하면 추가분석을 위한 팝업메뉴가 **[그림 5.9]**와 같이 나타난다. 팝업메뉴에서 [Fit Distribution> Exponential]을 클릭하면 **[그림 5.10]**과 같이 지수분포 적합에 따른 모수추정 윈도우가 나타난다. 적합도검정을 위해서는 [Fitted Exponential] 항목 왼편의 붉은 화살표를 클릭할 때 생기는 팝업메뉴에서 [Goodness of Fit]를 선택한다. **[그림 5.11]**은 콜모고로프 적합도검정(KSL Test)의 최종 플랫폼이다. 콜모고로프 통계량 $D = 0.0659$와 p-값=0.150(15.0%)이 출력됨을 확인할 수 있다.

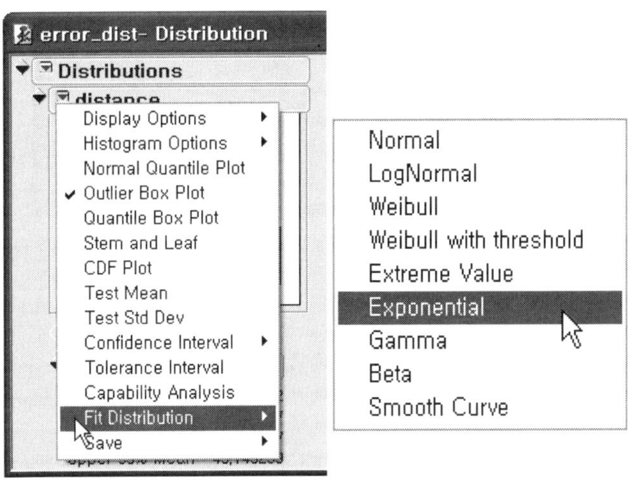

[그림 5.9] 추가분석을 위한 팝업메뉴

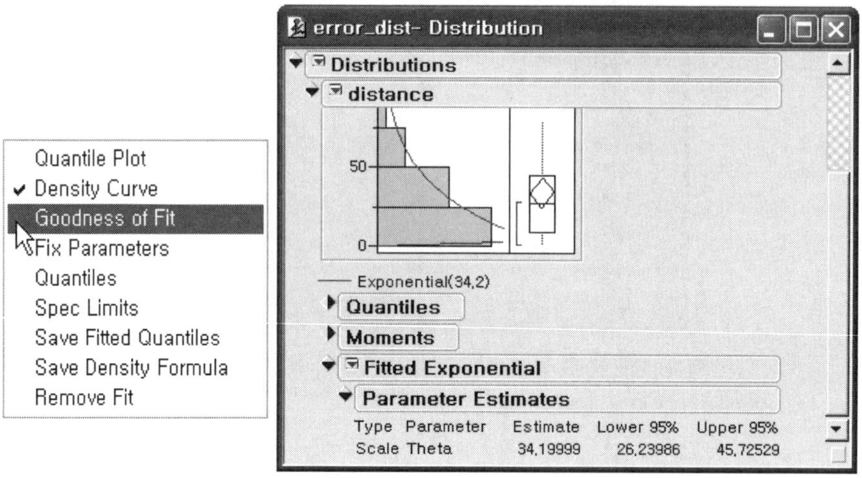

[그림 5.10] 지수분포 적합에 따른 모수추정 윈도우

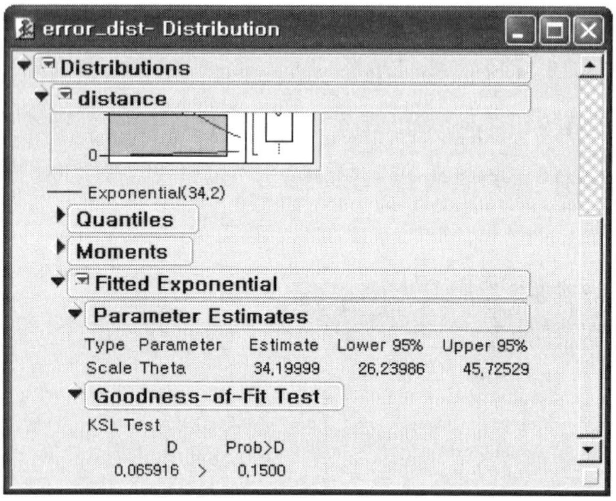

[그림 5.11] 콜모고로프 적합도검정을 위한 최종 플랫폼

5 샤피로-윌크 검정

자료의 정규성(normality)을 검정하는 방법에는 다항확률을 이용한 카이제곱 적합도검정, 콜모고로프 적합도검정, 샤피로-윌크 적합도검정, 그리고 탐색적으로 $q-q$ 플롯을 이용하는 방법이 있다. 이 절에서는 샤피로-윌크(Shapiro-Wilk) 적합도검정으로 자료의 정규성을 검토하는 방법에 대해 알아보자. 미지의 연속분포 $F(x)$로부터 얻은 크기 n의 확률표본 $X_1,\ X_2,\ \cdots,\ X_n$을 생각하자.

샤피로-윌크 검정을 위한 가설은

$$H_0 : F(x)\text{는 정규분포이다}, \qquad H_1 : F(x)\text{는 정규분포가 아니다}$$

으로 설정할 수 있다. 미지의 연속분포 $F(x)$로부터의 크기 n의 확률표본 값을

$$x_1,\ x_2,\ \cdots,\ x_n$$

이라 하고, 이들의 순서통계량을

$$y_1 < y_2 < \cdots < y_n$$

라고 하자. 정규성의 적합여부를 검정하는 샤피로-윌크 검정통계량 W는

$$W = \frac{\left[\sum_{i=1}^{k} a_i \cdot (y_{n-i+1} - y_i)\right]^2}{\sum_{i=1}^{n} (x_i - \overline{x})^2}$$

으로 정의된다. 여기서 $k \approx n/2$이며, a_i는 샤피로-윌크 검정계수이다. 귀무가설이 참이 아니면 검정통계량 W는 작아지는 경향이 있으므로, 기각역은

$$\{W \le w_{1-\alpha}\}$$

이다. 여기서 $w_{1-\alpha}$는 W의 상위 $1-\alpha$ 분위수이다.

JMP에 의한 샤피로-윌크 적합도검정

JMP에서는 표본의 크기가 $n < 2000$일 때 정규성에 관한 적합도검정으로 샤피로-윌크 검정을 수행하며, $n \ge 2000$일 때는 콜모고로프 검정을 수행한다. 다음의 예에 대한 샤피로-윌크 검정을 JMP로 수행하여 보자. 주식시장에 상장된 회사 주식 20개를 임의로 뽑아, 지난 1년간의 투자이윤(배분율)을 조사하였더니 다음과 같았다. 이 자료가 정규분포에 적합 하는지를 검정하여 보자.

9.1	5.0	7.3	7.4	5.5
8.6	7.0	4.3	4.7	8.0
4.0	8.5	6.4	6.1	5.8
9.5	5.2	6.7	8.3	9.2

자료를 **[그림 5.12]**와 같이 데이터테이블에 입력한다. 다음에는 분석을 위한 메뉴를 선택한다. 메인메뉴에서 [Analyze>Distribution]메뉴를 선택한 후, [Distribution]대화상자를 완성하고 [OK]를 클릭하면 [Distribution]플랫폼이 나타난다. [Distribution]플랫폼에서 변수 return 왼편의 붉은 화살표를 클릭하면 추가분석을 위한 팝업메뉴가 **[그림 5.13]**과 같이 나타난다. 팝업메뉴에서 [Fit Distribution>Normal]을 클릭하면 **[그림 5.14]**와 같이 정규분포 적합에 따른 모수추정 윈도우가 나타난다. 적합도검정을 위해서는 [Fitted Normal] 항목 왼편의 붉은 화살표를 클릭할 때 생기는 팝업메뉴에서 [Goodness of Fit]를 선택한다. **[그림 5.15]**는 샤피로-윌크 적합도검정의 최종 플랫폼이다. 샤피로-윌크 통계량이 0.954, p-값이 0.446(44.6%)으로 출력됨을 확인할 수 있다.

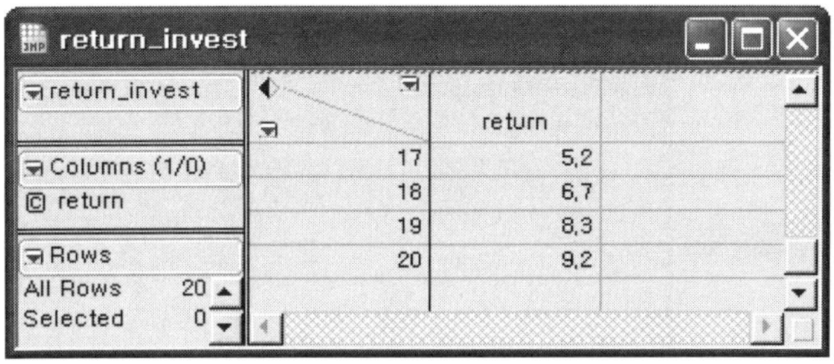

[그림 5.12] 자료입력이 완료된 데이터테이블 윈도우

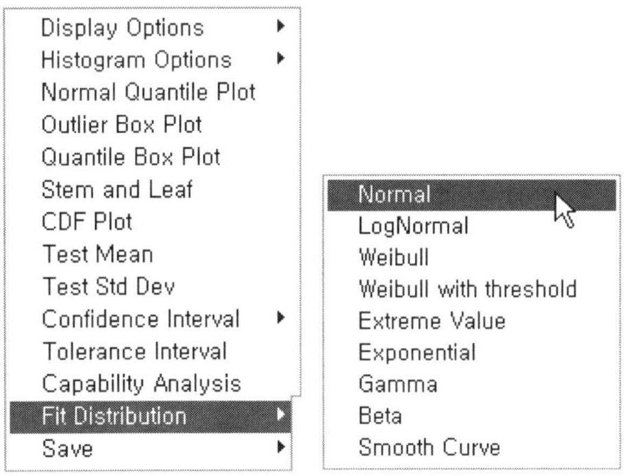

[그림 5.13] 추가분석을 위한 팝업메뉴

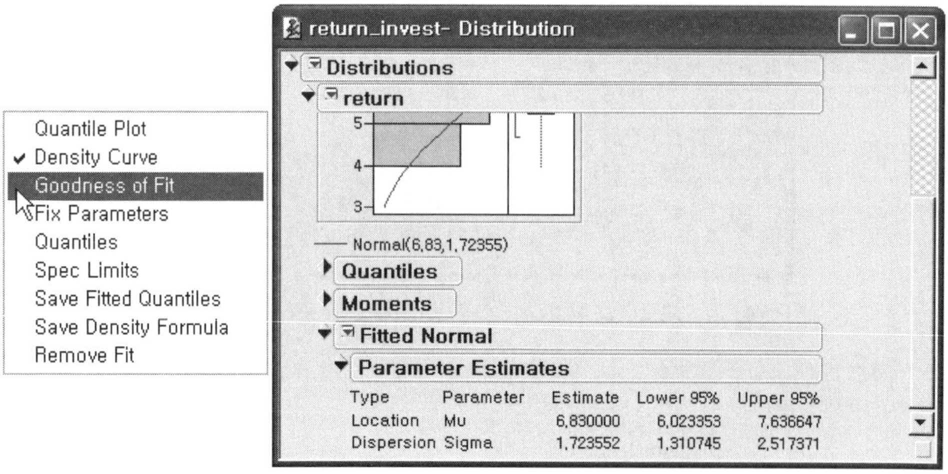

[그림 5.14] 정규분포 적합에 따른 모수추정 윈도우

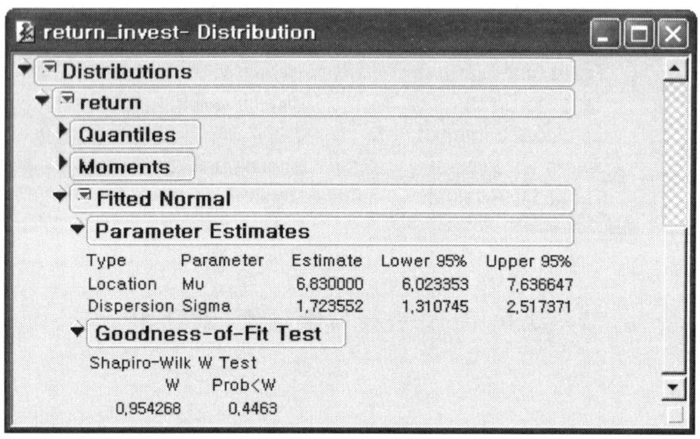

[그림 5.15] 샤피로-윌크 적합도검정을 위한 최종 플랫폼

6 범주형 자료분석

CHAPTER

1 2차원 분할표

5장에서는 하나의 분류기준, 즉 하나의 범주형 변수에 대한 범주형 자료에 대해서 생각해 보았다. 여기서는 두 개의 분류기준, 즉 두 개의 범주형 변수에 대한 사각형 모양의 범주형 자료를 분석하는 방법에 대해서 알아보도록 한다. 이러한 2차원 분할표 자료에 대해서도 5장에서와 마찬가지로 카이제곱검정을 적용할 수 있으며, 이는 두 분류의 속성들이 서로 독립인지를 검정하는 독립성 검정의 문제가 되는 것이다. 카이제곱검정의 또 다른 적용으로는 두 개 이상의 다항분포들이 동일한지를 검정하기 위한 동질성 검정이 있다. 먼저 **[표 6.1]**의 2×2 분할표 자료를 이용하여 두 개의 이항분포가 동일한지를 검정하는 문제를 알아보자.

[표 6.1] 두 대의 기계에서 생산되는 제품에 관한 2×2 분할표

	불량	정상	합계
기계 1	5(10.0%)	45(90.0%)	50(100.0%)
기계 2	8(16.0%)	42(84.0%)	50(100.0%)

2×2 분할표에서 불량률에 대한 근사적 가설검정

실제 불량률이 p_1인 기계 1에서 생산된 제품 50(=m)개 중 불량품이 X개라면,

$$X \sim B(m,\ p_1)$$

이다. 마찬가지로 실제 불량률이 p_2인 기계 2에서 생산된 제품 50(=n)개 중 불량품이 Y개라면,

$$Y \sim B(n,\ p_2)$$

이다. 실제 불량률 p_1, p_2에 대한 추정은

$$\widehat{p_1} = x/m, \quad \widehat{p_2} = y/n$$

으로 할 수 있다.

두 개의 이항분포가 동일한지를 검정하는 가설은

$$H_0 : p_1 = p_2, \quad H_1 : p_1 \neq p_2$$

으로 설정할 수 있으며, 이러한 가설을 검정하기 위한 검정통계량은 표본비율의 차이인 $\widehat{p_1} - \widehat{p_2}$에 근거하여 작성한다. 귀무가설 하에서 $\widehat{p_1} - \widehat{p_2}$의 평균과 분산을 구하면 각각

$$E_0(\widehat{p_1} - \widehat{p_2}) = p_1 - p_2 = 0$$

$$\begin{aligned} Var_0(\widehat{p_1} - \widehat{p_2}) &= Var(\widehat{p_1}) + Var(\widehat{p_2}) \\ &= \frac{p(1-p)}{m} + \frac{p(1-p)}{n} \end{aligned}$$

이 되고, 분산의 추정치는

$$\widehat{Var_0}(\widehat{p_1} - \widehat{p_2}) = \hat{p}(1-\hat{p})\left(\frac{1}{m} + \frac{1}{n}\right)$$

이다. 여기서

$$\hat{p} = \frac{x+y}{m+n}$$

는 귀무가설이 참일 때 계산한 공통 불량률 $p(= p_1 = p_2)$의 추정치이다. 표본비율의 차이 $\widehat{p_1} - \widehat{p_2}$에 중심극한정리를 적용하면, 검정통계량 및 그 귀무분포는

$$z_0 = \frac{(\widehat{p_1} - \widehat{p_2})}{\sqrt{\hat{p}(1-\hat{p})\left(\frac{1}{m} + \frac{1}{n}\right)}} \simeq N(0,\ 1)$$

또는

$$z_0^2 \simeq \chi^2(1)$$

이 되고, 양측 기각역

$$\{|z_0| \geq z_{\alpha/2}\} \text{ 또는 } \{z_0^2 \geq \chi_\alpha^2(1)\}$$

이 구해진다. **[표 6.1]**의 자료에서

$$\hat{p} = (5+8)/(50+50) = 0.13$$

$$z_0 = \frac{0.1-0.16}{\sqrt{0.13(1-0.13)\left(\frac{1}{50}+\frac{1}{50}\right)}} = -0.89$$

이므로, 유의확률은

$$p\text{-값} \simeq P(|Z| \geq |-0.89|) = 2 \times P(Z \geq 0.89) = 0.373$$

이다. 따라서 유의수준 5%에서 귀무가설을 기각할 수 없다. 즉 두 기계의 불량률에는 차이가 없는 것으로 판단된다.

2 동질성 검정

다음의 **[표 6.2]**는 어느 대학에 지원한 신입생에 대해서 사립고교 출신자 50명, 공립고교 출신자 80명, 그리고 대안학교 출신자 70명을 임의 추출하여 이들의 학력점수분포를 나타낸 2원 분할표이다. 여기서 임의 추출한 50명, 80명, 70명은 각각 해당 학교 출신자들의 모집단에서 추출된 다항확률표본으로 볼 수 있다. 즉 행 i에서의 빈도수 분포는

$$(f_{i1},\ f_{i2},\ f_{i3},\ f_{i4}) \sim \text{multi}(n_i,\ p_{i1},\ p_{i2},\ p_{i3},\ p_{i4})$$

이다. 여기서

$$n_i = f_{i1} + f_{i2} + f_{i3} + f_{i4}, \quad p_{i1} + p_{i2} + p_{i3} + p_{i4} = 1, \quad i = 1,\ 2,\ 3$$

이며, p_{ij}는 출신학교 i인 집단에서 학력점수가 j범주에 속할 확률이다.

[표 6.2] 대학지원자의 출신고교별 학력점수에 관한 2원 분할표

	학력점수				
학교	1 : (0–200)	2 : (200–250)	3 : (250–300)	4 : (300이상)	합계
1 : 사립	6(12.0%)	16(32.0%)	18(36.0%)	10(20.0%)	50(100%)
2 : 공립	28(35.0%)	32(40.0%)	16(20.0%)	4(5.0%)	80(100%)
3 : 대안	7(10.0%)	14(20.0%)	28(40.0%)	21(30.0%)	70(100%)
합계	41(20.5%)	62(31.0%)	62(31.0%)	35(17.5%)	200(100%)

다항비율에 대한 가설검정

[표 6.2]의 자료에서 출신학교별 성적분포가 동일한지를 검정해 보자. 검정을 위한 가설은

H_0 : 세 모집단의 분포는 동일하다, H_1 : 적어도 한 쌍의 분포가 다르다

로 설정한다. 귀무가설이 참일 때 모든 i에 대한 공통의 다항비율을 p_{ij}라 하면, 다항비율의 추정치 $\widehat{p_{ij}}$는

$$\widehat{p_{ij}} = \frac{f_{+j}}{N},\quad i=1,\ 2,\ 3,\quad j=1,\ 2,\ 3,\ 4,\quad f_{+j} = \sum_{i=1}^{3} f_{ij},\quad N = \sum_i \sum_j f_{ij}$$

이다. 한편 $(i,\ j)$칸에서의 기대도수의 추정치는

$$e_{ij} = n_i \cdot \widehat{p_{ij}} = \frac{n_i \cdot f_{+j}}{N}$$

이다. 위의 가설을 검정하기 위한 카이제곱통계량은

$$\chi^2 = \sum_i \sum_j \frac{(f_{ij} - e_{ij})^2}{e_{ij}} \simeq \chi^2((r-1)(c-1))$$

이다. 여기서 f_{ij}는 $(i,\ j)$칸의 관측도수, r은 행범주 수, 그리고 c는 열범주 수를 나타낸다. **[표 6.2]**의 자료를 적용하여 계산한 카이제곱통계량의 관측값과 유의확률은 각각

$$\chi_0^2 = 37.497$$
$$p-\text{값} = P(\chi^2(6) \ge 37.497) < 0.0001$$

이다. p-값이 매우 작으므로 귀무가설이 기각된다. 따라서 출신학교에 따라 성적분포에 차이가 있는 것으로 판단된다.

JMP에 의한 동질성 검정

[표 6.2]의 2원 분할표 자료를 JMP로 분석하여 보자. **[표 6.2]**의 분할표 자료를 **[그림 6.1]**과 같이 데이터테이블에 입력한다. 다음에는 메인메뉴에서 분석을 위한 메뉴 [Analyze>Fit Y by X]를 **[그림 6.2]**와 같이 선택한다.

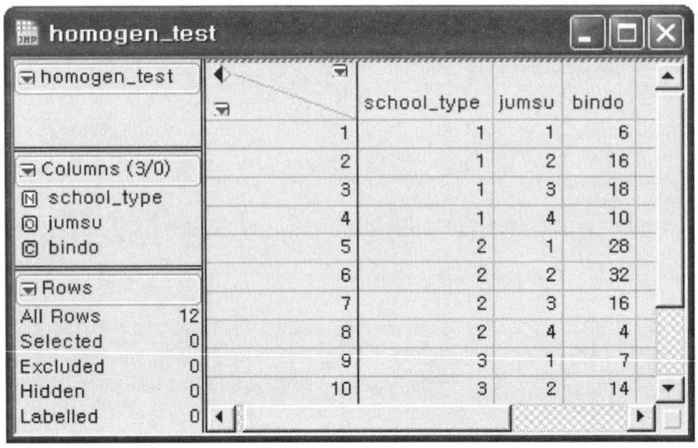

[그림 6.1] 자료입력이 완료된 데이터테이블 윈도우

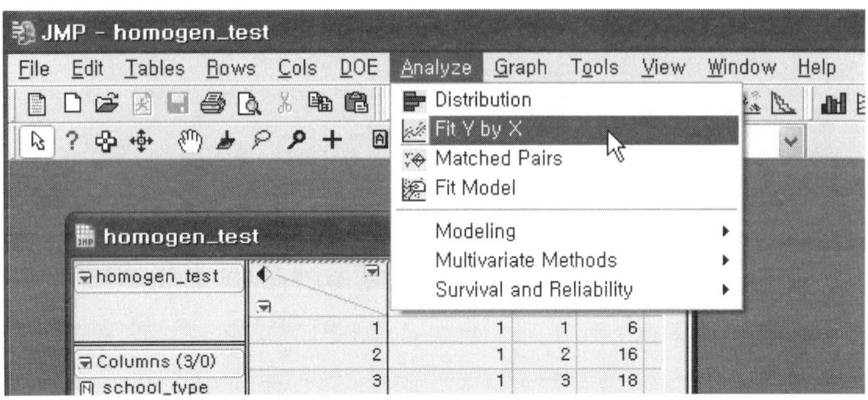

[그림 6.2] 메인메뉴의 [Analyze>Fit Y by X] 선택을 위한 화면

[그림 6.3]의 [Fit Y by X]대화상자를 완성한다. 먼저 [Fit Y by X]대화상자의 왼쪽 상자에서 분할표의 열분류변수 jumsu를 선택한 후 [Y, Response]단추를 클릭하여 오른쪽 상자로 보낸다. 다음에는 행분류변수 school_type을 선택한 후 [X, Factor]단추를 클릭하여 오른쪽 상자로 보낸다. 마지막으로 관측도수를 나타내는 변수 bindo를 선택한 후 [Freq]단추를 클릭하여 오른쪽 상자로 보낸 후 [OK]단추를 클릭한다.

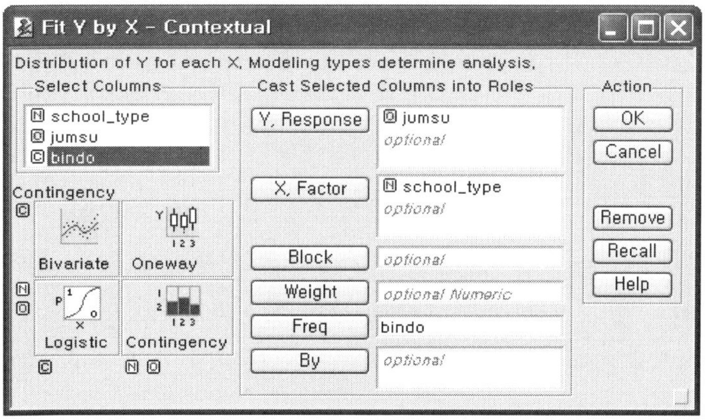

[그림 6.3] 완성된 [Fit Y by X]대화상자

[Analyze>Fit Y by X] 메뉴에 의한 출력결과는 **[그림 6.4]**와 같다. **[그림 6.4]**의 [Fit Y by X]플랫폼에서 [Contingency Table]항목 왼편의 붉은 화살표를 클릭하면 팝업메뉴가 나타난다. 팝업메뉴에서 분할표의 각 칸에 표시될 사항(전체 백분율, 기대도수, 열백분율, 편차, 카이제곱 등)을 추가 선택할 수 있다.

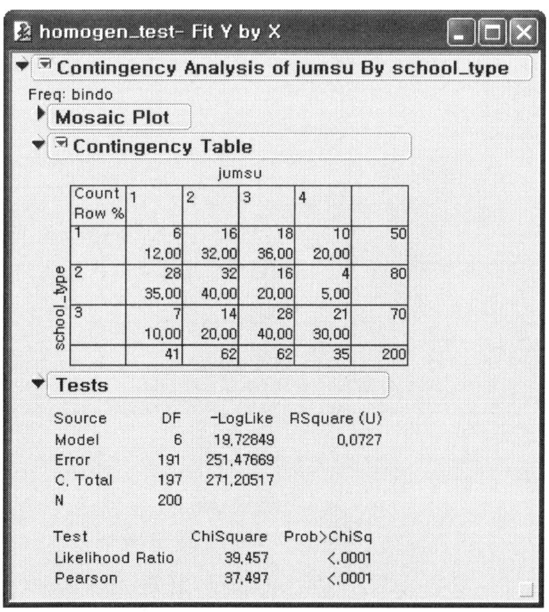

[그림 6.4] [Fit Y by X] 플랫폼

3 독립성 검정

2차원 분할표로 정리된 범주형 자료에서 두 개의 범주형 변수 사이에 연관성이 존재하는지를 알고자 하는 경우가 흔히 발생하게 된다. 예를 들면 다음의 **[표 6.3]**은 어느 대학 신입생 277명을 임의추출하여 가구주의 월평균 소득과 대학 입학 전의 과외기간을 조사한 분할표이다. 이 분할표로부터 학생의 가구주 소득과 과외기간 사이에 연관성이 존재하는지를 분석해 보고자 한다. 이러한 문제는 두 분류변수간의 독립성 검정방법으로 해결할 수 있다.

[표 6.3] 대학신입생의 가구주 월평균 소득과 과외기간

가구주 소득	과외기간			합계
	1: 6개월 미만	2: 6개월–1년	3: 1년 이상	
1: 50만원 미만	4	4	18	26
2: 50 –100만원	5	5	23	33
3: 100–200만원	8	7	22	37
4: 200–300만원	11	14	36	61
5: 300만원 이상	29	26	65	120
합계	57	56	164	277

[표 6.4] 일반적인 $r \times c$ 분할표

행범주 \ 열범주	B_1	B_2	$\cdots$	B_c	합계
A_1	f_{11}	f_{12}	$\cdots$	f_{1c}	f_{1+}
A_2	f_{21}	f_{22}	$\cdots$	f_{2c}	f_{2+}
$\vdots$	$\vdots$	$\vdots$	$\vdots$	$\vdots$	$\vdots$
A_r	f_{r1}	f_{r2}	$\cdots$	f_{rc}	f_{r+}
합계	f_{+1}	f_{+2}	$\cdots$	f_{+c}	N

일반적으로 **[표 6.4]**와 같은 $r \times c$ 분할표에서 행과 열의 분류변수에 관한 독립성 검정문제를 생각해 보자. 이 분할표에서 전체도수 N은 고정된 값이며 행의 합과 열

의 합은 가변적이다. 여기서 검정하고자 하는 가설은

$$H_0: \text{행과 열의 분류변수는 서로 독립이다}, \quad H_1: not\ H_0$$

이다. 위의 귀무가설을 각 칸에 속할 결합확률의 형태로 다시 표현하면

$$H_0': P(A_iB_j) = P(A_i) \cdot P(B_j), \quad i=1, \cdots, r, \quad j=1, \cdots, c$$

으로 나타낼 수 있다. 귀무가설이 참일 때, (i, j)칸에 속할 확률은

$$\widehat{p_{ij}} = \widehat{p_{i+}}\,\widehat{p_{+j}} = \frac{f_{i+}}{N} \cdot \frac{f_{+j}}{N}$$

으로 추정할 수 있으며, (i, j)칸에서의 기대도수 추정치는

$$e_{ij} \equiv N\widehat{p_{ij}} = \frac{f_{i+} \cdot f_{+j}}{N}$$

이다. 따라서 카이제곱통계량 및 그 귀무분포는

$$\chi^2 = \sum_i \sum_j \frac{(f_{ij} - e_{ij})^2}{e_{ij}} \simeq \chi^2((r-1)(c-1))$$

이 된다. 여기서 f_{ij}는 (i, j)칸의 관측도수, r은 행범주 수, 그리고 c는 열범주 수를 나타낸다. **[표 6.3]**의 자료를 적용하여 계산한 카이제곱통계량의 관측값과 유의확률은 각각

$$\chi_0^2 = 4.446,\ p-\text{값} = P(\chi^2(8) \geq 4.446) = 0.815$$

이다. p-값이 크므로 귀무가설을 기각할 수 없다. 따라서 학생의 가구주 소득과 과외

기간 사이에는 특별한 연관성이 없는 것으로 판단된다.

독립성 검정의 절차는 동질성 검정과 동일하다. 그러나 동질성 검정을 위한 분할표에서는 행의 범주를 독립된 모집단으로 취급(행의 합이 고정된 값)하여 분할표가 비대칭적인 반면, 독립성 검정을 위한 분할표에서는 전체 관측도수만이 고정된 값이고 대칭적으로 구성되어 있다는 차이점이 있다.

JMP에 의한 독립성 검정

JMP에 의한 독립성 검정 절차도 동질성 검정과 동일한 방법으로 수행된다. **[표 6.3]**의 2원 분할표 자료를 JMP로 분석하여 얻어진 출력결과는 **[그림 6.5]**와 같다.

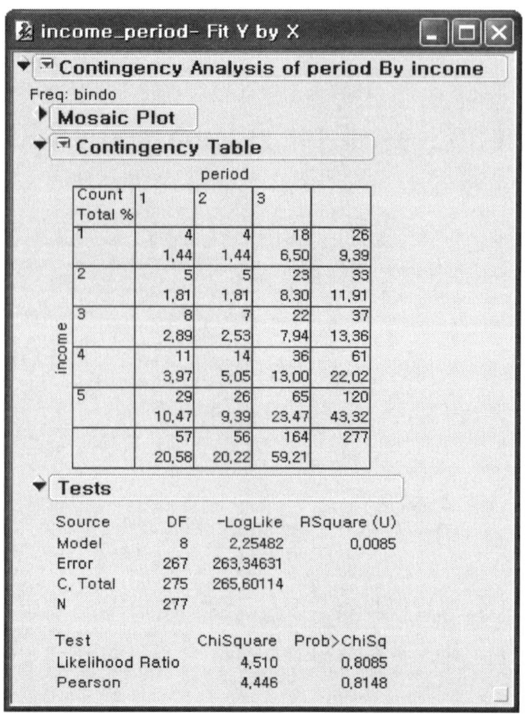
income_period- Fit Y by X

Contingency Analysis of period By income

Freq: bindo

Mosaic Plot

Contingency Table

income \ period (Count / Total %)	1	2	3	
1	4 1.44	4 1.44	18 6.50	26 9.39
2	5 1.81	5 1.81	23 8.30	33 11.91
3	8 2.89	7 2.53	22 7.94	37 13.36
4	11 3.97	14 5.05	36 13.00	61 22.02
5	29 10.47	26 9.39	65 23.47	120 43.32
	57 20.58	56 20.22	164 59.21	277

Tests

Source	DF	-LogLike	RSquare (U)
Model	8	2.25482	0.0085
Error	267	263.34631	
C. Total	275	265.60114	
N	277		

Test	ChiSquare	Prob>ChiSq
Likelihood Ratio	4.510	0.8085
Pearson	4.446	0.8148

[그림 6.5] [Fit Y by X] 플랫폼의 독립성 검정 결과

4 대응분석에 의한 범주형 자료분석

지금까지 2원 분할표로 작성된 범주형 자료에서 행 표본들의 동질성을 검정하는 문제, 그리고 행과 열의 각 범주로 표현된 두 분류변수의 독립성을 검정하는 문제에서 공통적으로 카이제곱통계량을 이용하여 분할표 자료를 분석하였다. 그러나 카이제곱검정을 수행하여 유의한 결과가 얻어졌을 경우, 행 표본들의 이질적 유형이나 행 범주와 열 범주들의 결합패턴에 대해서는 구체적 정보를 얻을 수 없다는 단점이 있다. 이 절에서는 이러한 카이제곱검정의 제약점을 보완할 수 있는 대응분석에 대해 알아보도록 하자. 대응분석(correspondence analysis)이란 2원 분할표의 행 표본(또는 범주)과 열 범주를 낮은 차원의 공간 위에 점들로 표현하여, 그들의 관계를 탐색하려는 탐색적 자료분석 기법이다. 대응분석 플롯을 통하여 행 표본들 간의 친소관계를 탐색할 수 있으며, 행 표본의 열 범주 특성, 또는 행 범주와 열 범주 사이의 결합관계 등을 시각적으로 파악할 수 있다. 다음의 **[표 6.5]**는 오스틴 작품의 문체특성에 관한 2원 분할표로서 행과 열이 비대칭적이다. 즉 각 행은 다항표본으로 볼 수 있다. 이 분할표를 이용하여 행 표본들의 친소관계, 행 표본들과 열 범주들의 결합패턴 등을 JMP로 분석하여 보자.

[표 6.5] 오스틴 작품의 문체특성에 관한 2원 분할표

단어 / 작품	a	an	this	that	with	without	합계
Sense...	147	25	32	94	59	18	375
	39.2%	6.7%	8.5%	25.1%	15.7%	4.8%	100.0%
Emma	186	26	39	105	74	10	440
	42.3%	5.9%	8.9%	23.8%	16.8%	2.3%	100.0%
Sanditon I	101	11	15	37	28	10	440
	50.0%	5.4%	7.4%	18.3%	13.9%	5.0%	100.0%
Sanditon II	83	29	15	22	43	4	196
	42.4%	14.8%	7.7%	11.2%	21.9%	2.0%	100.0%
합계	517	91	101	258	204	42	1213
	42.6%	7.5%	8.3%	21.3%	16.8%	3.5%	100.0%

자료출처: 사회과학을 위한 다변량자료분석, 허명회저, 56쪽

JMP에 의한 대응분석

[표 6.5]의 분할표 자료를 **[그림 6.6]**과 같이 데이터테이블에 입력한다. 메인메뉴에서 [Analyze>Fit Y by X]를 클릭한 후, [Fit Y by X]대화상자를 완성한다. [Fit Y by X]대화상자의 왼쪽 상자에서 열분류변수 word를 선택한 후 [Y, Response]단추를 클릭하여 오른쪽 상자로 보낸다. 다음에는 행분류변수 work를 선택한 후 [X, Factor]단추를 클릭하여 오른쪽 상자로 보낸다. 마지막으로 관측도수를 나타내는 변수 bindo를 선택한 후 [Freq]단추를 클릭하여 오른쪽 상자로 보낸 후, [OK]단추를 클릭한다.

[Analyze>Fit Y by X] 메뉴에 의해 출력된 [Fit Y by X]플랫폼에서 [Contingency Analysis of word By work]항목 왼편의 붉은 화살표를 클릭하면 **[그림 6.7]**과 같이 팝업메뉴가 나타난다. 팝업메뉴에서 [Correspondence Analysis]를 선택하여 분할표에 대한 대응분석을 추가로 실시한다.

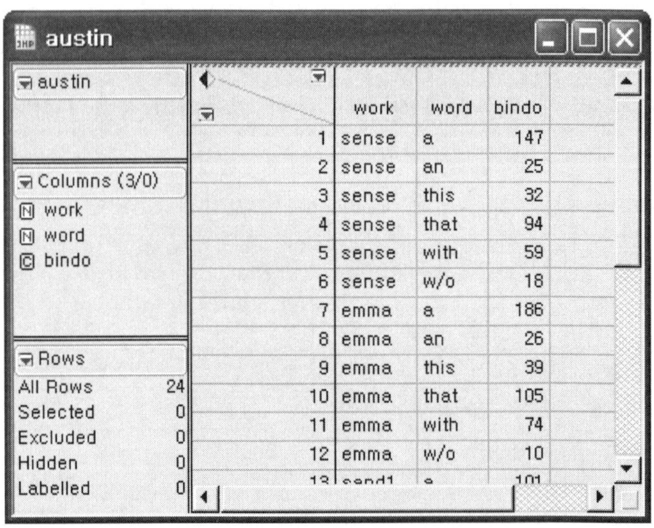

[그림 6.6] 자료입력이 완료된 데이터테이블 윈도우

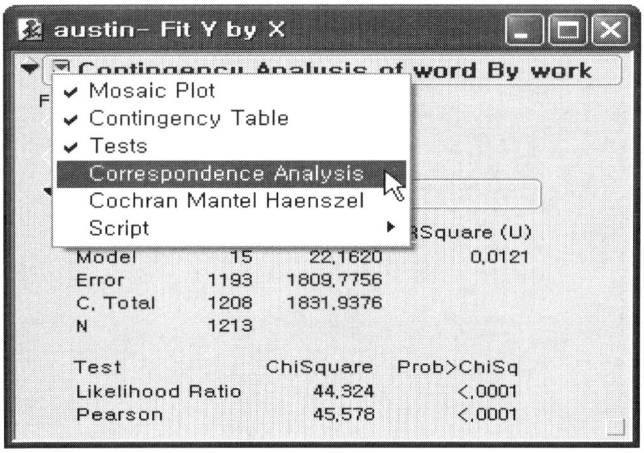

[그림 6.7] 대응분석을 위한 [Fit Y by X] 플랫폼의 팝업메뉴

대응분석에 의한 출력결과는 **[그림 6.8]**과 같다. 행 표본과 열 범주를 동시에 플롯한 행렬도를 통해 행과 열의 결합양상을 볼 수 있다. 첫째, [Details]항목의 Inertia 및 누적백분율을 참조하면 두 개 축(c1축과 c2축)이 전체변이의 90.47%(c1축 72.7%, c2축 17.8%)를 설명하고 있으며, c1축의 inertia가 72.66%로 대부분을 차지하고 있다. 둘째, c1축의 아래쪽에 작품 Sense, Emma, Sanditon1이 밀집해 있고, c1축의 위쪽에 Sanditon2가 위치해 있어 서로 구별됨을 알 수 있다. 셋째, Sanditon2는 다른 세 작품과 비교해서 "an"과 "with"의 사용빈도가 상대적으로 높고, "that"과 "without"의 사용빈도는 낮다.

차원축소에 의한 행과 열의 좌표는 **[그림 6.8]**의 [Details]항목에 표시된다. 이 좌표를 데이터테이블로 만들기 위해서는 **[그림 6.9]**와 같이 [Correspondence Analysis] 항목 왼쪽의 붉은 화살표를 클릭하여 생기는 팝업메뉴 [Make Table]을 클릭한다. 이 때 생기는 좌표테이블은 **[그림 6.10]**과 같다.

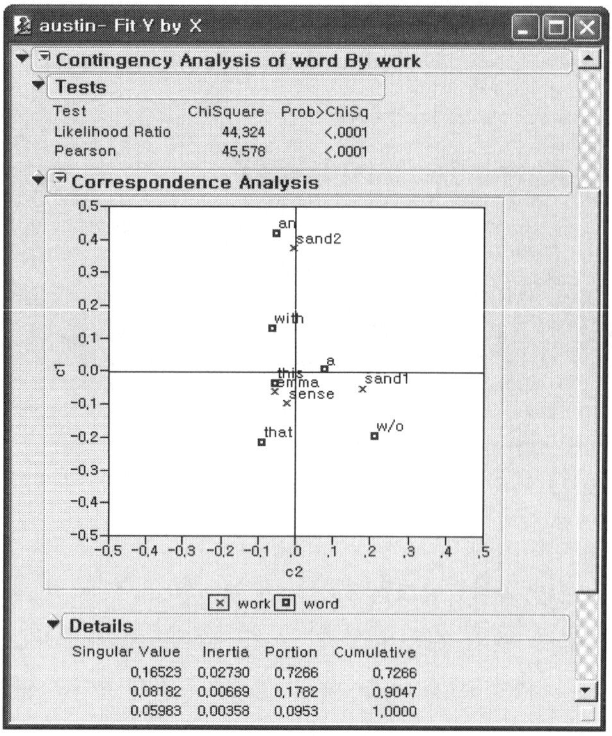

[그림 6.8] 대응분석에 의한 출력결과

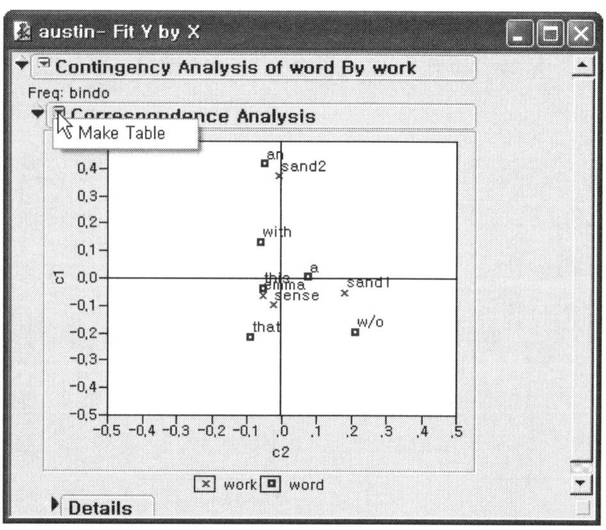

[그림 6.9] 행과 열의 좌표를 테이블로 만들기 위한 팝업메뉴

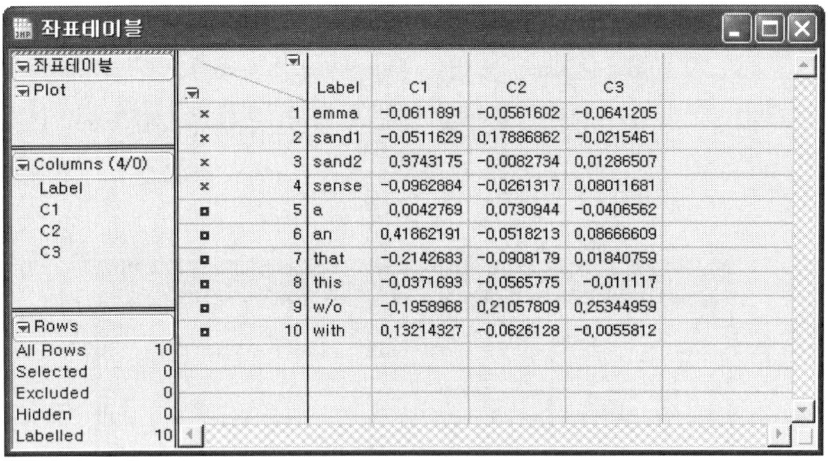

	Label	C1	C2	C3
1	emma	-0,0611891	-0,0561602	-0,0641205
2	sand1	-0,0511629	0,17886862	-0,0215461
3	sand2	0,3743175	-0,0082734	0,01286507
4	sense	-0,0962884	-0,0261317	0,08011681
5	a	0,0042769	0,0730944	-0,0406562
6	an	0,41862191	-0,0518213	0,08666609
7	that	-0,2142683	-0,0908179	0,01840759
8	this	-0,0371693	-0,0565775	-0,011117
9	w/o	-0,1958968	0,21057809	0,25344959
10	with	0,13214327	-0,0626128	-0,0055812

[그림 6.10] 행과 열의 좌표테이블

다음의 **[표 6.6]**은 음악적 취향에 관한 2원 분할표이다. 여기서는 행과 열이 모두 응답자의 반응이므로, 전체 관측도수 1416만 고정된 값이다. 따라서 행과 열을 대칭적으로 다뤄야 한다. 이 분할표 자료를 JMP로 분석해 보자.

[표 6.6] 음악적 취향에 관한 2원 분할표

		재즈음악					
		아주 좋아함	좋아하는 편	보통	싫어하는 편	아주 싫어함	합 계
R&B 음악	아주 좋아함	105	64	18	8	7	202
	좋아하는 편	104	306	141	59	5	615
	보통	17	92	158	62	11	340
	싫어하는 편	5	21	39	122	15	202
	아주 싫어함	3	7	6	17	24	57
	합 계	234	490	362	268	62	1416

자료출처: 사회과학을 위한 다변량 자료분석, 허명회저, 64쪽

[표 6.6]의 분할표 자료를 **[그림 6.11]**과 같이 데이터테이블에 입력한다. 메인메뉴에서 [Analyze>Fit Y by X]를 클릭한 후, [Fit Y by X]대화상자를 완성한다. 먼저 [Fit Y by X]대화상자의 왼쪽 상자에서 열분류변수 Jazz를 선택한 후 [Y, Response]단추를

클릭하여 오른쪽 상자로 보낸다. 다음에는 행분류변수 R&B를 선택한 후 [X, Factor] 단추를 클릭하여 오른쪽 상자로 보낸다. 마지막으로 관측도수를 나타내는 변수 bindo를 선택한 후 [Freq]단추를 클릭하여 오른쪽 상자로 보낸 후, [OK]단추를 클릭한다.

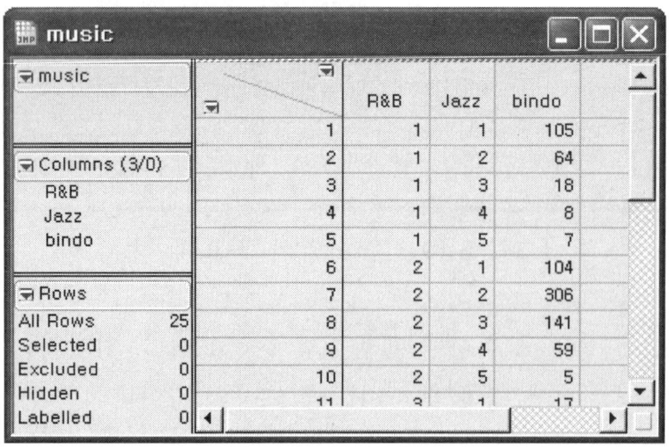

[그림 6.11] 자료입력이 완료된 데이터테이블 윈도우

[Analyze>Fit Y by X] 메뉴에 의해 출력된 [Fit Y by X]플랫폼에서 [Contingency Analysis of Jazz By R&B]항목 왼편의 붉은 화살표를 클릭하면 팝업메뉴가 나타난다. 팝업메뉴에서 [Correspondence Analysis]를 선택하여 분할표에 대한 대응분석을 추가로 실시한다. **[그림 6.12]**는 대응분석 결과 얻어진 행렬도를 보여준다. **[그림 6.12]**의 [Details]항목의 Singular Value(비정칙치)는 행 수량화 값과 열 수량화 값의 상관을 나타낸다. 제 1축(c1축) 상관=0.565, 제 2축(c2축) 상관=0.396, 그리고 두 개 축의 누적 기여율=80.5%이다. 행렬도로부터 R&B음악의 선호와 Jazz음악의 선호는 상호 연관되어 있음을 알 수 있다.

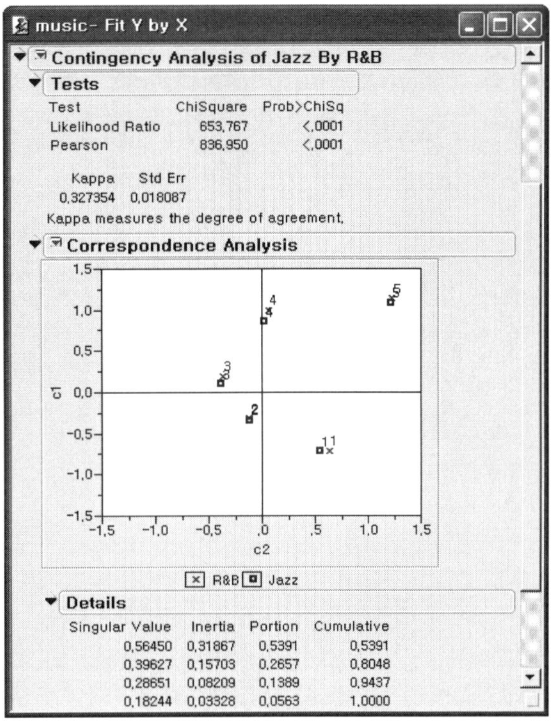

music- Fit Y by X

Contingency Analysis of Jazz By R&B

Tests

Test	ChiSquare	Prob>ChiSq
Likelihood Ratio	653.767	<.0001
Pearson	836.950	<.0001

Kappa	Std Err
0.327354	0.018087

Kappa measures the degree of agreement.

Correspondence Analysis

Details

Singular Value	Inertia	Portion	Cumulative
0.56450	0.31867	0.5391	0.5391
0.39627	0.15703	0.2657	0.8048
0.28651	0.08209	0.1389	0.9437
0.18244	0.03328	0.0563	1.0000

[그림 6.12] 행렬도

7 CHAPTER 일원설계에 관한 비모수적 방법

1 실험설계

3장에서 다룬 두 개의 처리 또는 두 모집단의 평균차이에 대한 추론문제는 세 개 이상의 처리 또는 세 개 이상의 모집단에 대한 평균차이의 추론문제로 확장할 수 있다. 예를 들면 농작물 재배실험에서 비료의 종류에 따른 단위면적당 수확량을 측정하여 비료의 종류별 효과, 즉 비료의 종류별 단위면적당 수확량에 차이가 있는지 여부를 검정해 볼 수 있다.

실험연구에서 반응측정값에 영향을 주는 실험의 조건들을 요인(factor)이라고 하며, 각각의 실험의 조건을 요인의 수준(level)이라고 한다. 여기서 요인들의 수준별 조합을 처리(treatment)라고 한다. 앞의 농작물 재배실험 예에서 4종류의 비료 A, B, C, D의 효과를 알아보고자 한다면 비료는 요인이 되며 비료 A, B, C, D는 각각 요인의 수준이 된다. 또한 이 실험은 4개의 처리에 의한 실험으로 볼 수 있다.

실험을 계획하는 단계에서 해야 할 일은 먼저 반응측정값에 영향을 주는 요인을 검토하여 선정하는 일이다. 농작물 재배실험에서 동일품종에 대한 비료의 효과를 알아보고자 한다면 한 개의 요인인 비료만을 생각하면 될 것이다. 그러나 품종별, 그리고 비료의 종류별 단위면적당 수확량을 측정한다면 두 개의 요인, 즉 품종과 비료를 동시에 고려하여야 할 것이다. 여기서 요인이 한 개인 실험을 1요인실험, 요인이 두 개인 실험을 2요인실험이라 한다. 요인이 두 개 이상인 요인실험에서는 요인 상호 간의 교호작용(interaction effect)을 고려하여야 한다. 다음으로 고려하여야 할 사항은 실험단위의 배치에 관한 계획으로, 완전확률화설계(completely randomized design), 확률화블록설계(randomized block design) 등이 있다.

2 완전확률화설계

각각의 처리에 할당할 실험단위들이 모두 균일(homogeneous)할 경우 실험단위들을 각 처리에 임의로 할당하여 실험한다. 이와 같은 실험설계를 완전확률화설계(completely randomized design)라 하며, 각 처리에 의한 측정값들은 독립적인 모집단으로부터의 확률표본으로 볼 수 있다. 예를 들면 농작물 재배실험에서 단위면적 경작구를 실험단위로 볼 수 있으며 모든 경작구들이 토양의 지력이나 배수 등의 경작조건에 있어서 균일하다면 완전확률화설계에 의한 실험배치가 적합할 것이다.

토양의 지력이나 배수 등의 경작조건이 비슷한 32개의 단위 경작구들을 네 개의 그룹으로 임의 할당하여 각 그룹마다 재배법을 달리하여 옥수수를 경작한 후 수확량을 조사하여 **[표 7.1]**의 자료를 얻었다. 이 실험자료는 완전확률화설계에 의한 자료로서 4개의 수준을 갖는 한 개의 요인을 고려한 것이다. 실험의 목적은 재배법에 따라 옥수수의 평균 수확량에 차이가 있는지, 그리고 차이가 있을 경우 어떤 재배법이 상대적으로 효과가 큰지를 분석하려는 것이다.

[표 7.1] 재배법에 따른 옥수수 수확량의 일원설계 실험자료

	반 복							
재배법 1	83	91	94	89	89	96	91	92
재배법 2	91	90	81	83	84	83	88	91
재배법 3	101	100	91	93	96	95	94	96
재배법 4	78	82	81	77	79	81	80	81

일원설계 자료의 모형화(모수적 방법)

완전확률화설계에 의한 1요인실험(또는 일원설계)에서 요인 A의 수준이 k개 있을 때 k개의 처리에 의한 자료는 일반적으로 **[표 7.2]**와 같이 정리할 수 있다. 여기서 $x_{ij}(i=1, \cdots, k;\ j=1, \cdots, n_i)$는 처리 i의 반복 j 측정값을 나타낸다.

[표 7.2] 일원설계 자료의 구조

처리 \ 반복	1	2	…	n_i	합	평균
A_1	x_{11}	x_{12}	…	x_{1n_1}	$x_{1.}$	$\bar{x}_{1.}$
A_2	x_{21}	x_{22}	…	x_{2n_2}	$x_{2.}$	$\bar{x}_{2.}$
⋮	⋮	⋮		⋮	⋮	⋮
A_k	x_{k1}	x_{k2}	…	x_{kn_k}	$x_{k.}$	$\bar{x}_{k.}$
전체평균						$\bar{x}$

$x_{i.} = \sum_{j=1}^{n_i} x_{ij}$, $\bar{x}_{i.} = \sum_{j=1}^{n_i} x_{ij}/n_i$, $\bar{x} = \sum_{i=1}^{k} \sum_{j=1}^{n_i} x_{ij}/N$, $N = \sum_{i=1}^{k} n_i$

k개의 처리효과를 비교하기 위한 일원설계 실험에서 측정값 x_{ij}에 대한 수학적 모형은

$$x_{ij} = \mu + \alpha_i + \epsilon_{ij}, \ (i=1, \cdots, k; \ j=1, \cdots, n_i)$$

이다. 여기서 μ는 전체 모집단의 평균, α_i는 처리 i의 효과로서

$$\sum n_i \alpha_i = 0$$

이며, ϵ_{ij}는 오차항으로써 서로 독립이고 평균이 0, 분산이 σ^2인 정규분포를 따른다고 가정한다. k개의 처리효과 간에 차이가 있는지를 검정하기 위한 가설은

$$H_0 : \alpha_1 = \alpha_2 = \cdots = \alpha_k = 0, \quad H_1 : \text{적어도 하나의 } \alpha_i \text{가 0이 아님}$$

으로 설정할 수 있으며, 이러한 가설을 검정하기 위한 검정통계량은 자료의 변동과 관련된 편차평방합을 분할하여 구성할 수 있다.

3 분산분석

자료의 전체평방합(total sum of square, TSS)은 요인 A의 처리평방합(treatment sum of square, SS_t)과 오차평방합(error sum of square, SS_e)의 성분으로 나눌 수 있다. 즉,

$$TSS = SS_t + SS_e$$

의 관계가 성립한다. 여기서

$$\begin{aligned} TSS &= \sum_{i=1}^{k}\sum_{j=1}^{n_i}(x_{ij}-\overline{x})^2, \quad df = N-1 \\ &= \sum_{i=1}^{k}\sum_{j=1}^{n_i}x_{ij}^2 - CF, \quad CF = N\overline{x}^2 \end{aligned}$$

$$\begin{aligned} SS_t &= \sum_{i=1}^{k} n_i(\overline{x_{i.}} - \overline{x})^2, \qquad df = k-1 \\ &= \sum_{i=1}^{k} x_{i.}^2 / n_i - CF \end{aligned}$$

$$\begin{aligned} SS_e &= \sum_{i=1}^{k}\sum_{j=1}^{n_i}(x_{ij} - \overline{x_{i.}})^2, \quad df = N-k \\ &= TSS - SS_t \end{aligned}$$

이다. 처리평방합 SS_t와 오차평방합 SS_e를 해당되는 자유도로 나눈 값을 각각 처리평균평방(mean square for treatment, MS_t)과 오차평균평방(mean square for error, MS_e)이라고 한다. 오차평균평방 MS_e는 귀무가설과 대립가설 하에서 다같이 σ^2의 불편추정치이지만, 처리평균평방 MS_t는 귀무가설 하에서는 σ^2의 불편추정치이나 대립

가설 하에서는 그 기대치 $E(MS_t)$가 σ^2보다 크게 된다. 따라서 평균평방의 비율

$$F = \frac{SS_t / (k-1)}{SS_e / (N-k)} = \frac{MS_t}{MS_e}$$

를 검정통계량으로 사용할 수 있으며

$$F > F_\alpha$$

를 기각역으로 하는 검정법을 구성할 수 있다. 여기서 F는 귀무가설이 참일 때 자유도 $(k-1,\ N-k)$의 F-분포에 따르며 F_α는 이 분포의 상위 α 분위수를 의미한다. 표본으로부터 계산된 검정통계량의 값이 F_0라고 하면

$$p-\text{값} = \Pr(F \geq F_0)$$

에 의해 계산되며, p-값이 유의수준 α보다 작으면 귀무가설을 기각한다. 지금까지의 내용을 분산분석표로 작성하면 **[표 7.3]**과 같다.

[표 7.3] 일원설계 자료의 분산분석표

요인	자유도(df)	평방합(SS)	평균평방(MS)	F-값
처리	$k-1$	SS_t	MS_t	$F = MS_t / MS_e$
오차	$N-k$	SS_e	MS_e	
전체	$N-1$	TSS		

$MS = SS / \text{df}$

4 크러스칼-왈리스 검정

두 개의 독립표본에 대한 윌콕슨의 순위합검정을 3개 이상의 독립표본에 대한 위치의 변화 또는 처리효과의 차이 등을 분석하기 위한 문제로 확장한 것이 크러스칼-왈리스 검정(Kruskal-Wallis test)이다. 따라서 두 개의 독립표본인 경우에 적용한 크러스칼-왈리스 검정은 양측 대립가설에 대한 윌콕슨의 순위합검정과 일치한다. 크러스칼-왈리스 검정은 완전확률화설계에 의한 실험자료에 적용할 수 있는 비모수적 방법으로 앞의 2절과 3절에서 설명한 모수적 방법의 F-검정과 비교된다.

처리 $i(i=1,\ 2,\ \cdots,\ k)$에 의한 측정값 $x_{i1},\ x_{i2},\ \cdots,\ x_{in_i}$이 평균 μ_i인 임의의 연속분포로부터 얻은 n_i개의 확률표본의 관측값이라 하자. 이를 정리하면 **[표 7.2]**와 같은 일원설계 자료를 얻을 수 있다. 여기서 검정을 위한 귀무가설은

$$H_0: \mu_1 = \mu_2 = \cdots = \mu_k \text{ (또는 } k\text{개 처리효과는 동일하다)}$$

이다. 이는 두 독립표본에 대한 윌콕슨의 순위합검정에서 양측 대립가설을 일반화한 형태로 볼 수 있다. 크러스칼-왈리스 검정은 위의 가설을 검정하기 위한 비모수적 방법으로 혼합표본에서의 측정값의 순위를 이용하여 검정한다.

혼합표본 자료에 순위부여

일반적으로 완전확률화설계에 의한 실험설계에서 k개의 처리에 의한 측정값이 **[표 7.2]**와 같이 주어졌다고 하자. 여기서 전체 표본의 크기는 $N=n_1+\cdots+n_k$이라 하자. 윌콕슨의 순위합검정에서와 마찬가지로 k조의 표본자료를 혼합하여 오름차순으로 $1,\ 2,\ \cdots,\ N$의 순위를 부여했을 때, 표본자료 x_{ij}(처리 i의 반복 j 측정값)에 부여된 혼합순위를

$$R(x_{ij}) = \text{rank}(x_{ij}), \quad (i=1,\ \cdots,\ k;\ j=1,\ \cdots,\ n_i)$$

라고 하자. 동일값이 있을 때는 그들의 평균순위를 부여한다. 그리고 i번째 처리 표

본에 부여된 순위의 합을

$$R_i = \sum_{j=1}^{n_i} R(x_{ij}), \quad i=1, \cdots, k$$

이라고 하자. 다음의 **[표 7.4]**는 k조의 표본자료에 부여된 혼합순위표이다.

[표 7.4] 혼합순위 요약표

처리 \ 반복	1	2	$\cdots$	n_i	순위합	순위평균
A_1	$R(x_{11})$	$R(x_{12})$	$\cdots$	$R(x_{1n_1})$	R_1	R_1/n_1
A_2	$R(x_{21})$	$R(x_{22})$	$\cdots$	$R(x_{2n_2})$	R_2	R_2/n_2
$\vdots$	$\vdots$	$\vdots$		$\vdots$	$\vdots$	$\vdots$
A_k	$R(x_{k1})$	$R(x_{k2})$	$\cdots$	$R(x_{kn_k})$	R_k	R_k/n_k
전체평균						$\frac{N+1}{2}$

순위전체평균 $= (1+2+\cdots+N)/N = (N+1)/2$

크러스칼-왈리스 검정통계량

각 처리 표본의 순위평균이 전체평균으로부터 이탈된 정도를 재는 척도를

$$D = \sum_{i=1}^{k} n_i \left(\frac{R_i}{n_i} - \frac{N+1}{2} \right)^2$$

으로 놓으면, D는 표본크기를 가중치로 한 순위평균 오차의 가중평방합으로, 이를 전개하면

$$\begin{aligned} D &= \sum_{i=1}^{k} n_i \left\{ \left(\frac{R_i}{n_i} \right)^2 - (N+1)\frac{R_i}{n_i} + \frac{(N+1)^2}{4} \right\} \\ &= \sum_{i=1}^{k} \frac{R_i^2}{n_i} - \frac{N(N+1)^2}{4} \end{aligned}$$

이 된다. 다음에는 D를 토대로 크러스칼-왈리스 통계량을 정의해 보자. 먼저 혼합순위를 이용한 분산형태의 상수 S^2을 다음과 같이 정의하자. 즉

$$
\begin{aligned}
S^2 &= \frac{1}{N-1}\sum_{i=1}^{k}\sum_{j=1}^{n_i}\left(R(x_{ij})-\frac{N+1}{2}\right)^2 \\
&= \frac{1}{N-1}\left\{\sum_{i=1}^{k}\sum_{j=1}^{n_i}R(x_{ij})^2-\frac{N(N+1)^2}{4}\right\} \\
&= \frac{N(N+1)}{12}
\end{aligned}
$$

$$
\begin{aligned}
(\because \sum_{i=1}^{k}\sum_{j=1}^{n_i}R(x_{ij}) &= 1+2+\cdots+N = N(N+1)/2 \\
\sum_{i=1}^{k}\sum_{j=1}^{n_i}R(x_{ij})^2 &= 1^2+\cdots+N^2 = \frac{N(N+1)(2N+1)}{6})
\end{aligned}
$$

이라 하자. S^2을 이용하여 D를 척도화하면 크러스칼-왈리스 통계량은

$$
\begin{aligned}
H &= \frac{D}{S^2} \\
&= \sum_{i=1}^{k}\left\{\frac{R_i^2}{n_i}-\frac{N(N+1)^2}{4}\right\}/\,S^2 \\
&= \frac{12}{N(N+1)}\sum_{i=1}^{k}\frac{R_i^2}{n_i}-3(N+1)
\end{aligned}
$$

으로 정의된다. 귀무가설이 참이 아니면 H는 커지는 경향이 있으므로 (즉 H의 큰 값은 대립가설을 지지하는 입장이므로), 기각역은

$$\{H \ge h_\alpha\},\ h_\alpha\text{는 통계량 } H\text{의 상위 } \alpha \text{ 분위수}$$

이다.

귀무가설 하에서 H의 확률분포

표본크기가 각각 $n_1, \cdots, n_k$인 k개 처리그룹에 혼합순위 $1, 2, \cdots, N$을 부여할 수 있는 모든 가능한 경우의 수는 $\dfrac{N!}{n_1!n_2!\cdots n_k!}$이며, 각 경우는 귀무가설 하에서 동일한 확률

$$1 \Big/ \frac{N!}{n_1!n_2!\cdots n_k!} = \frac{n_1!\,n_2!\cdots n_k!}{N!}$$

을 갖는다. 검정통계량 H는 이산형이므로 각 순위배열에 대한 H의 값을 계산하면 귀무가설 하에서 H의 정확한 확률분포를 구할 수 있다. 예를 들어 처리그룹이 셋이고($k=3$) 표본크기가 각각 $n_1=2$, $n_2=1$, $n_3=1$인 경우 혼합순위의 모든 가능한 배열은 **[표 7.5]**와 같다. 이 표로부터 **[표 7.6]**과 같은 H의 정확한 확률분포를 구할 수 있다.

[표 7.5] $k=3$, $n_1=2$, $n_2=1$, $n_3=1$인 경우의 혼합순위

	처리 1	처리 2	처리 3	H
1	1, 2	3	4	2.7
2	1, 2	4	3	2.7
3	1, 3	2	4	1.8
4	1, 3	4	2	1.8
5	1, 4	2	3	0.3
6	1, 4	3	2	0.3
7	2, 3	1	4	2.7
8	2, 3	4	1	2.7
9	2, 4	1	3	1.8
10	2, 4	3	1	1.8
11	3, 4	1	2	2.7
12	3, 4	2	1	2.7

[표 7.6] H의 확률분포

h	$P(H=h)$
0.3	2 / 12 = 1 / 6
1.8	4 / 12 = 1 / 3
2.7	6 / 12 = 1 / 2

귀무가설 하에서 검정통계량 H의 카이제곱 근사

처리의 수가 셋이고 각 처리에서의 표본의 크기가 5이하인 경우의 크러스칼-왈리스 통계량의 백분위수는 [부록표 7]을 이용하여 구할 수 있으나, 표본의 크기가 약간만 커지거나 처리의 수가 셋 이상으로 늘어나면 카이제곱 근사에 의해 크러스칼-왈리스 통계량의 확률값을 구해야 한다.

처리의 수가 $k=2$인 경우, 정규근사에 의해 크러스칼-왈리스 통계량 H의 근사분포를 구하면

$$\begin{aligned} H &= \frac{12}{N(N+1)}\left\{\frac{R_1^2}{n_1}+\frac{R_2^2}{n_2}\right\}-3(N+1), \quad N=n_1+n_2 \\ &= \left\{\frac{W-E_0(W)}{\sqrt{Var_0(W)}}\right\}^2 \simeq \chi^2(1) \quad as \quad n_1,\ n_2 \to \infty \end{aligned}$$

이다. 여기서 $W=R_2$는 Y-표본의 순위합이고, 평균 및 분산은 각각

$$E_0(W) = n_2(N+1)/2$$
$$Var_0(W) = n_1 n_2 (N+1)/12$$

이다. 이를 확장하면 처리의 수가 $k \geq 3$인 경우, 크러스칼-왈리스 통계량 H의 근사분포는

$$\begin{aligned} H &= \frac{12}{N(N+1)}\sum_{i=1}^{k}\frac{R_i^2}{n_i}-3(N+1) \\ &\simeq \chi^2(k-1), \quad \text{as} \quad n_i \to \infty \end{aligned}$$

이 된다. 동일값(ties)이 많을 경우에는 수정된 통계량

$$H_c = H\left\{1 - \frac{\sum_j (t_j^3 - t_j)}{N(N^2-1)}\right\}^{-1}$$

을 계산하여 사용한다. 여기서 t_j는 동일값이 있는 j번째 세트의 동일값의 개수를 나타낸다.

순위변수의 근사적 F-검정

다음은 모수적 절차에 의한 순위변수의 근사적 F-검정에 대해서 알아보자. [표 7.4]의 혼합순위를 이용하여 일원분류의 분산분석을 통한 F-검정을 실시함으로써 크러스칼-왈리스 검정과 동일한 검정법을 구성할 수 있다. 혼합순위로 계산된 F-통계량 F_R과 크러스칼-왈리스 통계량 H와의 관계는

$$F_R = \frac{H/(k-1)}{(N-1-H)/(N-k)}$$

이다. 이 식으로부터 H가 증가(또는 감소)할 때 F_R도 따라서 증가(또는 감소)하므로 F_R과 H는 결국 같은 검정법이 된다는 것을 알 수 있다. 귀무가설 하에서 H의 카이제곱 근사보다 F_R의 자유도 $(k-1,\ N-k)$의 F-분포 근사가 더 좋은 경우가 많이 있다.

예제 7.1

동일한 단계에 접어든 같은 종류의 암환자 20명을 네 개의 처리그룹에 임의로 할당하여 일정기간 처치한 후 생존연수를 관찰하여 다음의 [표 7.7]을 얻었다.

[표 7.7] 4가지 처치에 따른 암환자의 생존연수

처치종류	처치 후 생존연수				
처치 1	14.2	10.6	9.4	5.6	2.4
처치 2	12.8	12.3	6.4	6.1	1.6
처치 3	11.5	10.1	5.1	5.0	4.8
처치 4	14.9	13.7	8.5	7.7	5.9

이 자료를 이용하여 크러스칼-왈리스 검정을 실시해 보자. 검정을 위한 가설은

$$H_0 : \text{각 처치효과는 같다}$$

이다. 크러스칼-왈리스 통계량을 계산하기 위해 혼합순위를 계산하면 [표 7.8]과 같다. 이 단계에서 동일한 값이 있을 때는 이들 순위의 평균값을 부여한다.

[표 7.8] 암 환자 생존연수 자료의 혼합순위표

原자료	1.6	2.4	4.8	5.0	5.1	5.6	5.9	6.1	6.4	7.7
혼합순위	1	2	3	4	5	6	7	8	9	10
처리종류	2	1	3	3	3	1	4	2	2	4

原자료	8.5	9.4	10.1	10.6	11.5	12.3	12.8	13.7	14.2	14.9
혼합순위	11	12	13	14	15	16	17	18	19	20
처리종류	4	1	3	1	3	2	2	4	1	4

위의 [표 7.8]을 이용하여 각 처리(처치)별 순위합을 계산하면

처리 1 : $R_1 = 2+6+12+14+19 = 53$

처리 2 : $R_2 = 1+8+9+16+17 = 51$

처리 3 : $R_3 = 3+4+5+13+15 = 40$

처리 4 : $R_4 = 7+10+11+18+20 = 66$

이므로, 크러스칼-왈리스 통계량 H의 관측값은

$$h^* = \frac{12}{(20)(20+1)} \cdot \frac{11{,}366}{5} - 3(20+1) = 1.949$$

$$\left(\because \sum_{i=1}^{4} R_i^2 = 53^2 + 51^2 + 40^2 + 66^2 = 11{,}366\right)$$

이다. 크러스칼-왈리스 통계량 H는 근사적으로 자유도 3의 카이제곱분포에 따르므로 유의확률은

$$p-\text{값} = P(H \geq 1.945) \approx 0.583, \quad (\because H \simeq \chi^2(3))$$

되어 4가지 처치 사이에 효과차이가 없는 것으로 판단된다.

5 JMP에 의한 크러스칼-왈리스 검정

자료입력

[예제 7.1] 자료에 대해 크러스칼-왈리스 검정을 실시해 보자. [예제 7.1]의 자료를 **[그림 7.1]**과 같이 데이터테이블에 입력한다.

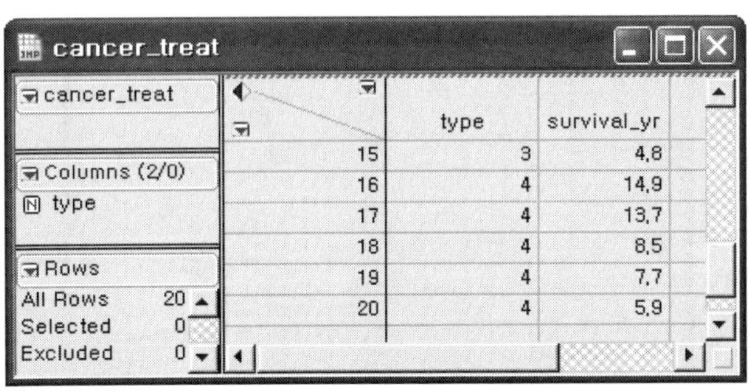

[그림 7.1] 자료입력이 완료된 데이터테이블 윈도우

분석을 위한 메뉴 선택

메인메뉴에서 [Analyze>Fit Y by X]를 클릭한 후, **[그림 7.2]**의 [Fit Y by X]대화상자를 완성한다. [Fit Y by X]대화상자의 왼쪽 상자에서 변수 survival_yr를 선택한 후 [Y, Response]단추를 클릭하여 오른쪽 상자로 보낸다. 다음에는 변수 type을 선택한 후 [X, Factor]단추를 클릭하여 오른쪽 상자로 보낸 후, [OK]단추를 클릭한다. [Analyze>Fit Y by X] 메뉴에 의한 첫 번째 출력 윈도우는 **[그림 7.3]**과 같은 두 변수의 산점도이다.

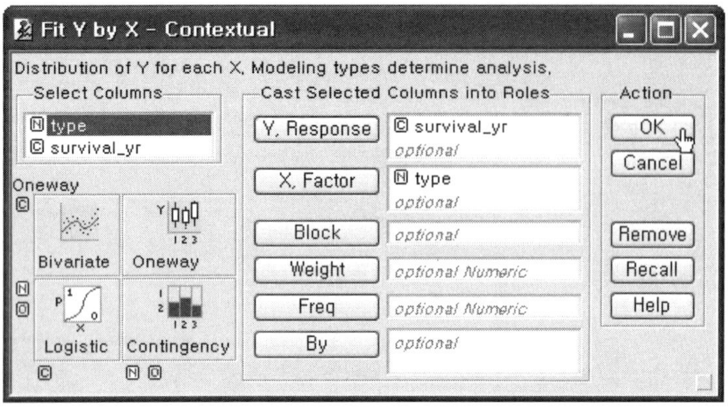

[그림 7.2] 완성된 [Fit Y by X]대화상자

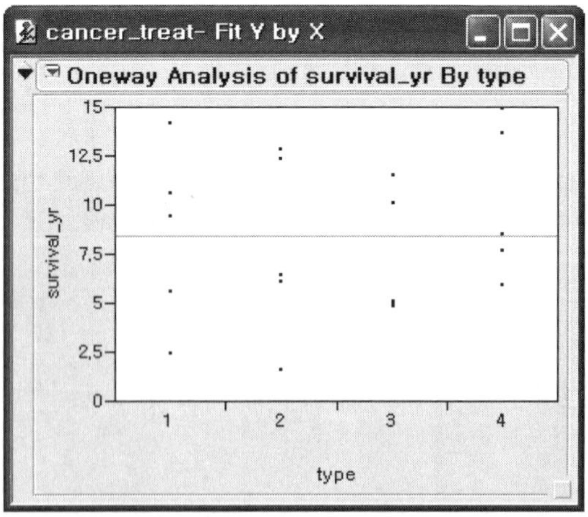

[그림 7.3] [Fit Y by X]플랫폼

크러스칼-왈리스 검정을 위한 팝업메뉴

[그림 7.3]의 [Fit Y by X]플랫폼에서 [Oneway Analysis of...] 항목 왼편의 붉은 화살표를 클릭하면 **[그림 7.4]**와 같이 팝업메뉴가 나타난다. 팝업메뉴에서 [Nonparametric> Wilcoxon Test]를 선택하여 비모수적 검정을 추가로 실시한다.

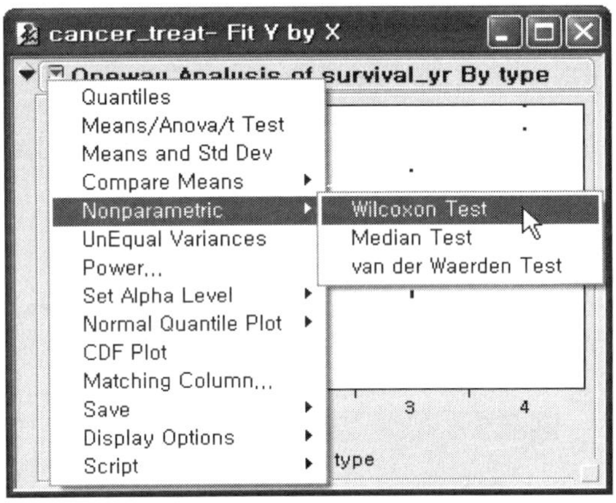

[그림 7.4] 크러스칼-왈리스 검정을 위한 팝업메뉴

크러스칼-왈리스 검정 결과

크러스칼-왈리스 검정 결과를 보여주는 [Fit Y by X]의 최종 플랫폼은 **[그림 7.5]**와 같다. 크러스칼-왈리스 검정통계량은 1.9486, p-값이 0.583(58.3%)이므로 유의수준 5%에서 귀무가설을 기각할 수 없다.

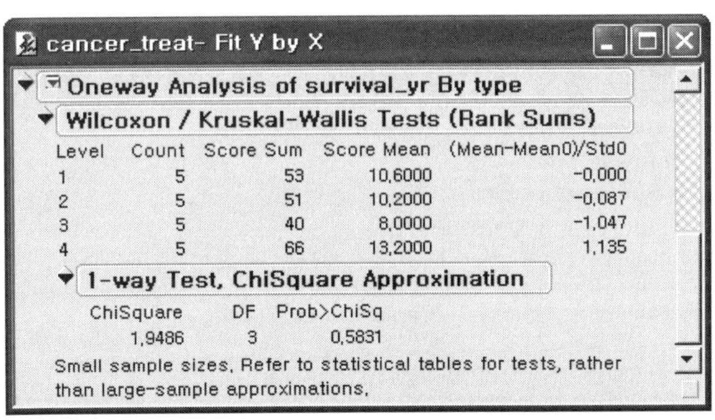

[그림 7.5] 크러스칼-왈리스 검정을 위한 최종 플랫폼

6 모수적 방법과 비교

JMP에 의한 일원설계 분산분석

[예제 7.1]의 자료에 대해 모수적 F-검정을 실시해 보자. 분산분석을 위해서는 [Analyze> Fit Y by X] 메뉴를 이용한다. 자료의 입력에서 [Fit Y by X]의 첫 번째 플랫폼을 얻기까지는 **[그림 7.1]~[그림 7.3]**의 크러스칼-왈리스 검정 과정과 같다. **[그림 7.6]**은 분산분석을 위한 팝업메뉴이다. 팝업메뉴에서 [Means/Anova/t Test]를 선택하여 분산분석을 실시하면 그 결과가 **[그림 7.7]**과 같이 얻어진다.

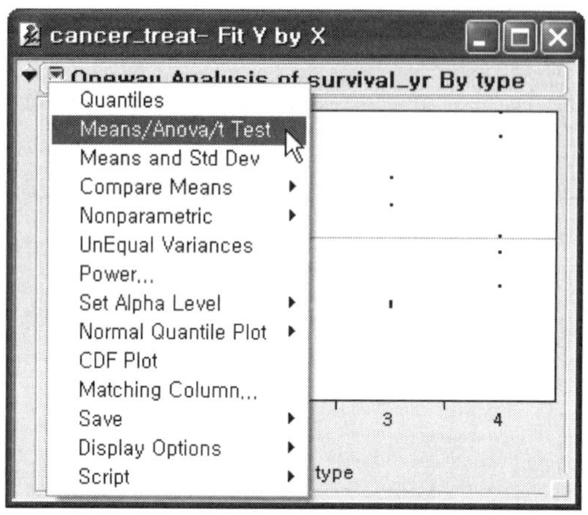

[그림 7.6] 분산분석을 위한 팝업메뉴

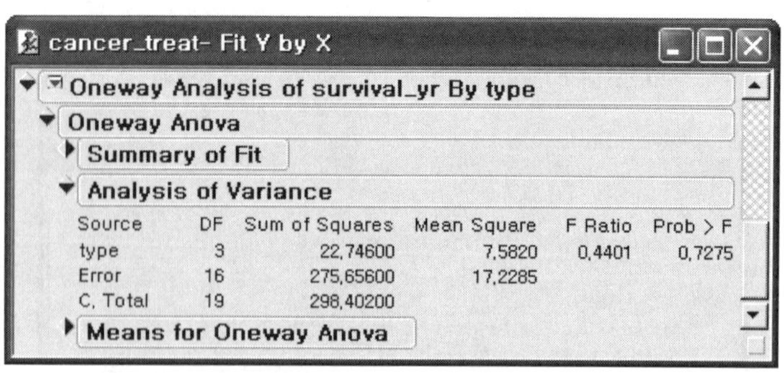

[그림 7.7] 분산분석 결과가 출력된 최종 플랫폼

[그림 7.7]의 분산분석표로부터 F-값=0.4401, p-값=0.7275(72.75%) 임을 알 수 있다. 이 단계에서 귀무가설이 기각되면, **[그림 7.8]**과 같이 [Oneway Analysis of...] 항목 왼쪽의 붉은 화살표를 클릭한 후 팝업메뉴에서 [Compare Means >...]를 선택하여 다중비교를 할 수 있다.

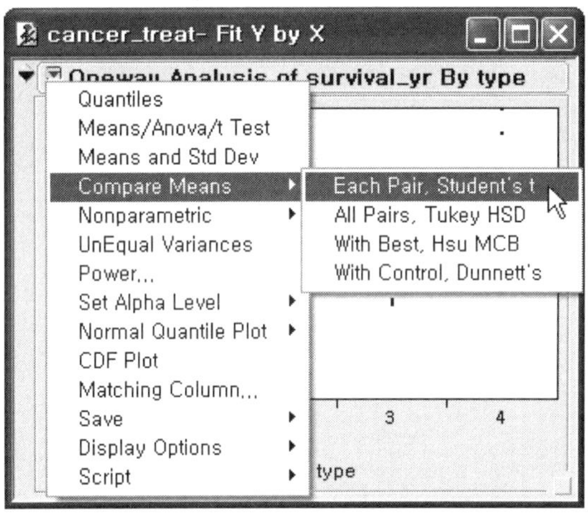

[그림 7.8] 다중비교를 위한 팝업메뉴

F-검정과의 효율비교

대표본 이론에 의해 모수적 F-검정과 비모수적 검정(크러스칼-왈리스 검정 H, 중위수점수 검정 median) 사이의 근사상대효율(ARE)을 계산하면 다음과 같다.

ARE / 모 분포	$ARE(H, F)$	$ARE(H, \text{median})$
정규분포	.955	1.5
균일분포	1.0	3.0
양방향지수분포	1.5	0.75

CHAPTER 8

이원설계에 관한 비모수적 방법

1 확률화블록설계

7장에서 설명한 완전확률화설계는 각각의 처리에 할당할 실험단위들이 모두 균일한 조건을 가지고 있을 때 사용할 수 있는 실험설계 방법이다. 그러나 실제의 실험연구에서 균일한 조건을 갖는 여러 개의 실험단위를 찾는다는 것은 매우 어려운 일이다. 이런 상황에서는 실험의 조건이 비슷한 실험단위들을 처리수 만큼 묶어(blocking) 블록을 형성한 후, 처리수 만큼 묶은 블록 내의 실험단위들을 각각의 처리에 임의로 배치하여 실험하는 것이다.

블록화의 가장 간단한 예는 쌍체표본의 평균비교이다. 쌍체표본의 비교에서 동질적인 실험단위들을 두 개씩 블록(block)으로 묶어 블록 내 각 실험단위에 두 개의 처리를 임의로 할당하여 실험을 실시함으로써 두 처리효과의 비교를 효율적으로 수행할 수 있었다. 일반적으로 k개의 처리에 의한 효과를 비교할 때 모든 실험단위들이 균일하지 않다면 균일한 실험단위들을 k개씩 블록으로 묶은 후, 블록 내에서 각각의 처리를 임의로 할당하여 실험함으로써 실험의 정도(precision)를 높일 수 있다. 이와 같은 실험설계를 확률화블록설계(randomized block design)라 한다. 예를 들면, 농작물 재배실험에서 토양의 지력이나 배수 등의 경작조건이 비슷한 인접 경작구를 블록으로 묶은 후, 각각의 처리를 인접 경작구 내에서 임의로 할당하여 실험하는 것은 확률화블록설계에 의한 실험이다.

다음의 **[표 8.1]**은 세 종류의 근육자극주사에 의한 반응을 알아보기 위한 이원설계 실험자료이다. 12마리의 실험쥐를 성별, 무게, 건강상태 등을 고려하여 환경조건이 비슷한 실험쥐들끼리 세 마리씩 짝을 지어 네 조의 블록을 만든 후, 각 조에 속한 세 마리의 실험쥐를 임의로 할당하여 세 종류 자극주사를 처치한다. 이때 자극주사에 대한 반응시간을 초단위로 측정하여 자료를 얻은 것이다. 이 실험자료는 확률화블록설계에 의한 자료로 하나의 요인에 의한 세 개의 처리와 네 조의 블록으로 되어 있는 자료이다. 이 실험의 목적은 세 종류 자극주사에 따라 평균 반응시간에 차이가 있는지를 검정하려는 것이며, 유의한 차이가 존재할 경우 처리 상호간의 효과 크기를 비교분석하려는 것이다.

[표 8.1] 자극주사 반응시간에 관한 이원설계 자료

		블록				평균
		1조	2조	3조	4조	
처리	주사 A	1.7	1.5	0.1	0.6	0.98
	주사 B	3.4	2.6	2.3	2.2	2.63
	주사 C	2.3	2.1	0.8	1.6	1.70

이원설계 자료의 모형화(모수적 방법)

확률화블록설계에 의한 1요인실험(또는 이원설계)에서 요인 A의 수준이 k개 이고 블록 B의 개수가 b개 있을 때의 반응측정치는 일반적으로 **[표 8.2]**와 같이 정리할 수 있다. 여기서 $x_{ij}(i=1, \cdots, k; j=1, \cdots, b)$는 처리 i의 블록 j에서의 측정값을 나타낸다.

[표 8.2] 이원설계 자료의 구조

처리 \ 블록	1	2	…	b	합	평균
A_1	x_{11}	x_{12}	…	x_{1b}	$x_{1.}$	$\bar{x}_{1.}$
A_2	x_{21}	x_{22}	…	x_{2b}	$x_{2.}$	$\bar{x}_{2.}$
⋮	⋮	⋮		⋮	⋮	⋮
A_k	x_{k1}	x_{k2}	…	x_{kb}	$x_{k.}$	$\bar{x}_{k.}$
합	$x_{.1}$	$x_{.2}$	…	$x_{.b}$		
평균	$\bar{x}_{.1}$	$\bar{x}_{.2}$	…	$\bar{x}_{.b}$		$\bar{x}$

$x_{i.}=\sum_{j=1}^{b} x_{ij}$, $x_{.j}=\sum_{i=1}^{k} x_{ij}$, $\bar{x}_{i.}=\sum_{j=1}^{b} x_{ij}/b$, $\bar{x}_{.j}=\sum_{i=1}^{k} x_{ij}/k$, $\bar{x}=\sum_{i=1}^{k}\sum_{j=1}^{b} x_{ij}/N$, $N=kb$

이원설계 실험에서 k개의 처리효과를 비교하기 위한 수학적 모형은

$$x_{ij} = \mu + \alpha_i + \beta_j + \epsilon_{ij}, \quad \epsilon_{ij} \sim N(0,\ \sigma^2), \quad (i = 1,\ \cdots,\ k;\ j = 1,\ \cdots,\ b)$$

이다. 여기서 μ는 전체평균, α_i는 처리 i의 효과로서 $\sum_{i=1}^{k} \alpha_i = 0$, β_j는 블록 j의 효과로서 $\sum_{j=1}^{b} \beta_j = 0$, 그리고 ϵ_{ij}는 개체변이를 나타내는 정규 확률변수이다. 이러한 수학적 모형 하에서 k개의 처리효과 간에 차이가 있는지를 검정하기 위한 가설은

$$H_0 : \alpha_1 = \alpha_2 = \cdots = \alpha_k = 0, \quad H_1 : \text{적어도 하나의 } \alpha_i\text{가 0이 아님}$$

으로 설정할 수 있으며, 이러한 가설을 검정하기 위한 검정통계량은 자료의 변동과 관련된 편차평방합을 분할하여 얻어진다.

2 분산분석

데이터의 전체변동과 관련된 전체평방합을 TSS, 요인 A에 의한 처리간 평방합을 SS_t, 블록화에 의한 블록간 평방합을 SS_b, 모형에 의해 설명되지 않는 오차평방합을 SS_e라 하면, 전체평방합 TSS는 3개의 성분으로 분할된다. 즉,

$$TSS = SS_t + SS_b + SS_e$$

의 관계가 성립한다. 여기서

$$TSS = \sum_{i=1}^{k}\sum_{j=1}^{b}(x_{ij}-\overline{x})^2,\ df = kb-1$$
$$= \sum_{i=1}^{k}\sum_{j=1}^{b}x_{ij}^2 - CF, \quad CF = (kb)\overline{x}^2$$

$$SS_t = b\sum_{i=1}^{k}(\overline{x}_{i.}-\overline{x})^2 = \sum_{i=1}^{k}x_{i.}^2/b - CF,\ df = k-1$$

$$SS_b = k\sum_{j=1}^{b}(\overline{x}_{.j}-\overline{x})^2 = \sum_{j=1}^{b}x_{.j}^2/k - CF,\ df = b-1$$

$$SS_e = \sum_{i=1}^{k}\sum_{j=1}^{b}(x_{ij}-\overline{x}_{i.}-\overline{x}_{.j}+\overline{x})^2,\quad df = (k-1)(b-1)$$
$$= TSS - SS_t - SS_b$$

이다. 위에서 계산된 평방합을 자유도로 나누어 평균평방을 얻을 수 있으며, 이를 정리하여 **[표 8.3]**과 같은 분산분석표를 작성할 수 있다.

[표 8.3] 이원설계 자료의 분산분석표

요인	자유도(df)	평방합(SS)	평균평방(MS)	F-값
처리	$k-1$	SS_t	MS_t	$F_t = MS_t/MS_e$
블록	$b-1$	SS_b	MS_b	$F_b = MS_b/MS_e$
오차	$(k-1)(b-1)$	SS_e	MS_e	
전체	$N-1$	TSS		

$MS = SS/\mathrm{df},\ N = kb$

위에서 설정한 가설

$$H_0 : \alpha_1 = \alpha_2 = \cdots = \alpha_k = 0, \quad H_1 : \text{적어도 하나의 } \alpha_i \text{가 0이 아님}$$

을 검정하기 위한 검정통계량과 그 귀무분포는

$$F_t = \frac{MS_t}{MS_e} = \frac{SS_t/(k-1)}{SS_e/(k-1)(b-1)} \sim F(k-1,\ (k-1)(b-1))$$

이며, 기각역은

$$\{F_t \geq F_\alpha\},\ F_\alpha \text{는 } F(k-1,\ (k-1)(b-1)) \text{분포의 상위 } \alpha \text{ 분위수}$$

이다. **[표 8.3]**의 분산분석표에서

$$F_b = MS_b / MS_e$$

는 블록 효과에 대한 가설

$$H_0 : \beta_1 = \beta_2 = \cdots = \beta_b = 0$$

을 검정하는데 사용되며, 검정결과 귀무가설이 채택될 경우에는 블록화의 효과가 없는 것으로 오히려 일원설계에 의한 실험보다 효율이 떨어진다고 볼 수 있다. 일반적으로 블록에 대한 분산비 F_b가 크면(>>1) 블록화의 효과가 좋은 것으로 판단한다.

3 프리드만 검정

프리드만 검정(Friedman test)은 이원설계에 의한 실험자료에 적용할 수 있는 비모수적 방법으로, 이원설계 자료에 대한 모수적 F-검정과 비교할 수 있는 검정법이다. 프리드만 검정은 쌍체표본(paired-sample)에 대한 부호검정을 3개 이상의 연관된 표본(k-tuple sample)의 문제로 확장한 것이다.

측정값 $x_{ij}(i=1,\ \cdots,\ k;\ j=1,\ \cdots,\ b)$를 처리 i의 블록 j에서의 자료값이라 하면 이원설계 자료는 앞의 **[표 8.2]**와 같이 정리할 수 있다. 여기서 검정을 위한 가설은

$$H_0: \text{블록 내의 각 처리효과가 같다}$$

이다. 프리드만 검정은 위의 가설을 검정하기 위한 비모수적 방법으로 각 블록 내에서의 측정값의 순위를 이용하여 통계량을 계산한다.

블록 내 순위부여

프리드만 검정통계량을 유도하기 위하여 b조의 블록과 k개의 처리가 있는 이원설계 실험자료를 생각해 보자([표 8.2]참조). 크러스칼-왈리스 검정과는 달리 프리드만 검정에서는 각 블록 내에서의 측정값의 순위를 이용한다. 즉 블록 내의 k개 표본자료에 대해 1, 2, ⋯ , k의 순위를 오름차순으로 부여한다. 동일값이 있을 때는 그들의 평균순위를 부여한다. 따라서 모든 블록 내에서는 똑같이 1, 2, ⋯, k의 순위를 가지게 된다. 표본자료 x_{ij}에 부여된 순위를

$$R(x_{ij}) = \text{rank}(x_{ij}), \quad (i = 1, \cdots, k; j = 1, \cdots, b)$$

라 하고, 처리 A_i의 표본자료에 부여된 순위의 합을

$$R_i = \sum_{j=1}^{b} R(x_{ij}), \quad i = 1, \cdots, k$$

라 하면, [표 8.4]의 순위 요약표를 얻을 수 있다.

[표 8.4] 순위 요약표

처리 \ 블록	1	2	⋯	b	순위합	순위평균
A_1	$R(x_{11})$	$R(x_{12})$	⋯	$R(x_{1b})$	R_1	R_1/b
A_2	$R(x_{21})$	$R(x_{22})$	⋯	$R(x_{2b})$	R_2	R_2/b
⋮	⋮	⋮		⋮	⋮	⋮
A_k	$R(x_{k1})$	$R(x_{k2})$	⋯	$R(x_{kb})$	R_k	R_k/b
전체평균						$\frac{k+1}{2}$

순위전체평균 $= b(1+2+\cdots+k)/kb = (k+1)/2$

프리드만 검정통계량

각 처리 표본의 순위평균이 전체평균으로부터 이탈된 정도를 재는 척도를

$$\begin{aligned} C &= \sum_{i=1}^{k} b\left(\frac{R_i}{b} - \frac{k+1}{2}\right)^2 \\ &= \sum_{i=1}^{k} b\left\{\frac{R_i^2}{b^2} - (k+1)\frac{R_i}{b} + \frac{(k+1)^2}{4}\right\} \\ &= \sum_{i=1}^{k} \frac{R_i^2}{b} - \frac{bk(k+1)^2}{4} \qquad (\because \sum_{i=1}^{k} R_i = \frac{bk(k+1)}{2}) \end{aligned}$$

으로 정의하자. 또한 블록 내의 순위를 이용한 분산형태의 상수 S^2을

$$\begin{aligned} S^2 &= \frac{1}{k-1}\sum_{i=1}^{k}\left(i - \frac{k+1}{2}\right)^2 \\ &= \frac{1}{k-1}\left\{\sum_{i=1}^{k} i^2 - (k+1)\sum_{i=1}^{k} i + \frac{k(k+1)^2}{4}\right\} \\ &= \frac{k(k+1)}{12} \\ &(\because \sum_{i=1}^{k} i = \frac{k(k+1)}{2}, \quad \sum_{i=1}^{k} i^2 = \frac{k(k+1)(2k+1)}{6}) \end{aligned}$$

으로 정의하자. 다음에는 모든 순위의 제곱합 A와 처리별 순위합의 제곱과 관련된 항목 B를

$$\begin{aligned} A &= \sum_{i=1}^{k}\sum_{j=1}^{b} R(x_{ij})^2 \\ &= \frac{bk(k+1)(2k+1)}{6}, \text{ 동일값(ties)이 없을 경우} \\ B &= \sum_{i=1}^{k}\frac{R_i^2}{b} \end{aligned}$$

으로 정의하자. $(A-B)$ 또는 S^2을 이용하여 C를 척도화하면 두 가지 형태의 프리드만 검정통계량 T_1, T_2를 얻을 수 있다. 프리드만 검정통계량과 귀무가설 하에서의 근사분포는 각각 다음과 같다. 즉

$$T_1 = \frac{C}{(A-B)/(b-1)}$$
$$= \frac{\left\{\sum_{i=1}^{k} \frac{R_i^2}{b} - \frac{bk(k+1)^2}{4}\right\}}{(A-B)/(b-1)} \simeq F(k-1,\ (b-1)(k-1))$$

$$T_2 = \frac{C}{S^2}$$
$$= \left\{\sum_{i=1}^{k} \frac{R_i^2}{b} - \frac{bk(k+1)^2}{4}\right\} / S^2$$
$$= \frac{12}{k(k+1)} \sum_{i=1}^{k} \frac{R_i^2}{b} - 3b(k+1) \simeq \chi^2(k-1)$$

이다. 귀무가설이 참이 아니면 프리드만 검정통계량 T_1, T_2는 커지는 경향이 있으므로 (즉 T_1, T_2의 큰 값은 대립가설을 지지하는 입장이므로), 기각역은 각각

$\{T_1 \geq F_\alpha\}$, F_α는 $F(k-1,\ (b-1)(k-1))$ 분포의 상위 α 분위수
$\{T_2 \geq \chi^2_\alpha\}$, χ^2_α는 카이제곱(자유도$= k-1$) 분포의 상위 α 분위수

이다.

예제 8.1

다음의 **[표 8.5]**는 화장품 판매량에 대한 시장조사 자료로서 12군데의 화장품 대리점에서 4종류 브랜드의 유사한 화장품에 대한 일평균 판매량을 나타낸 표이다. 여기서 화장품 대리점은 블록으로, 그리고 4종류 화장품 브랜드는 처리로 볼 수 있으므로, 이 자료는 확률화블록설계에 의한 실험자료로 취급할 수 있다.

[표 8.5] 4종류 화장품 브랜드의 대리점별 일평균 판매량

브랜드	대리점											
	1	2	3	4	5	6	7	8	9	10	11	12
a	12	3	22	5	13	37	6	9	23	10	9	16
b	10	1	16	1	9	37	8	13	15	0	5	9
c	7	2	16	3	7	37	7	6	17	5	7	12
d	5	0	35	6	10	58	10	11	23	3	2	16

이 자료를 이용하여 프리드만 검정을 실시해 보자. 검정을 위한 가설은

$$H_0 : \text{4종류 화장품 브랜드의 판매량은 차이가 없다}$$

이다. 프리드만 검정통계량을 계산하기 위해 블록(대리점) 내에 순위를 부여하면 [표 8.6]과 같다. 이 단계에서 동일한 값이 있을 때는 이들 순위의 평균값을 부여한다.

[표 8.6] 블록(대리점) 내 순위부여 결과

브랜드	대리점											
	1	2	3	4	5	6	7	8	9	10	11	12
a	4	4	3	3	4	2	1	2	3.5	4	4	3.5
b	3	2	1.5	1	2	2	3	4	1	1	2	1
c	2	3	1.5	2	1	2	2	1	2	3	3	2
d	1	1	4	4	3	4	4	3	3.5	2	1	3.5

위의 [표 8.6]을 이용하여 각 처리(브랜드)별 순위합을 계산하면

브랜드 a : $R_1 = 38$
브랜드 b : $R_2 = 23.5$
브랜드 c : $R_3 = 24.5$
브랜드 d : $R_4 = 34$

이며,

$$\sum_{i=1}^{4} R_i^2 = 38^2 + 23.5^2 + 24.5^2 + 34^2 = 3752.5$$

$$A = \sum_{i=1}^{k} \sum_{j=1}^{b} R(x_{ij})^2 = 356.5$$

$$B = \sum_{i=1}^{k} \frac{R_i^2}{b} = 312.71$$

이다. 따라서 프리드만 검정통계량 T_1의 관측값 t_1^*는

$$\begin{aligned} t_1^* &= \frac{C}{(A-B)/(b-1)} \\ &= \frac{\left\{ \sum_{i=1}^{k} \frac{R_i^2}{b} - \frac{bk(k+1)^2}{4} \right\}}{(A-B)/(b-1)} \\ &= \frac{[(3752.5)/12 - (12)(4)(4+1)^2/4]}{(356.5 - 312.71)/(12-1)} = 3.19 \end{aligned}$$

이다. 프리드만 검정통계량 T_1은 근사적으로 자유도 (3, 33)의 F-분포에 따르므로 유의확률은

$$p-\text{값} = P(T_1 \geq 3.19) < 0.05 \quad (\because T_1 \simeq F(3, 33))$$

이 되어, 유의수준 5%에서 4가지 브랜드의 판매량에 유의한 차이가 있는 것으로 판단된다.

4 모수적 방법과 비교

JMP에 의한 이원설계 분산분석 - 자료입력

[예제 8.1]의 자료에 대해 모수적 F-검정을 실시해 보자. [예제 8.1]의 자료를 **[그림 8.1]**과 같이 데이터테이블에 입력한다.

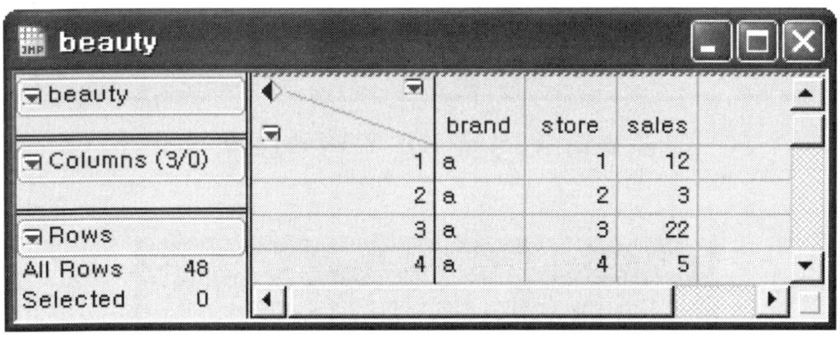

[그림 8.1] 자료입력이 완료된 데이터테이블 윈도우

분석을 위한 메뉴 선택

메인메뉴에서 [Analyze>Fit Y by X]를 클릭한 후, **[그림 8.2]**의 [Fit Y by X]대화상자를 완성한다. [Fit Y by X]대화상자의 왼쪽 상자에서 변수 sales를 선택한 후 [Y, Response]단추를 클릭하여 오른쪽 상자로 보낸다. 다음에는 변수 brand를 선택한 후 [X, Factor]단추를 클릭하여 오른쪽 상자로 보낸다. 마지막으로 변수 store를 선택한 후 [Block]단추를 클릭하여 오른쪽 상자로 보낸 후, [OK]를 클릭한다. [Analyze>Fit Y by X] 메뉴에 의한 첫 번째 출력결과는 **[그림 8.3]**과 같은 브랜드별 판매량 산점도이다.

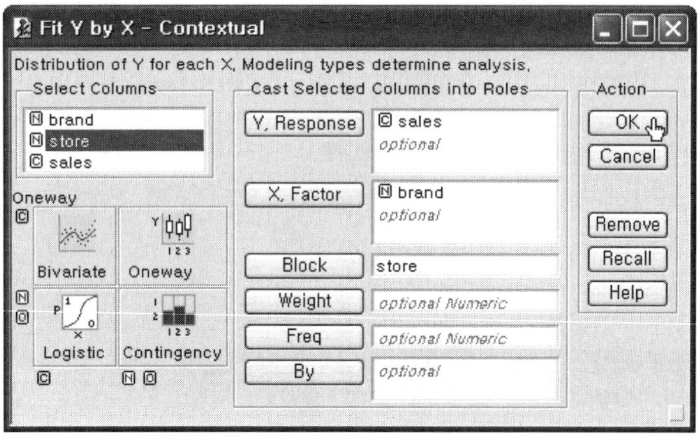

[그림 8.2] 완성된 [Fit Y by X]대화상자

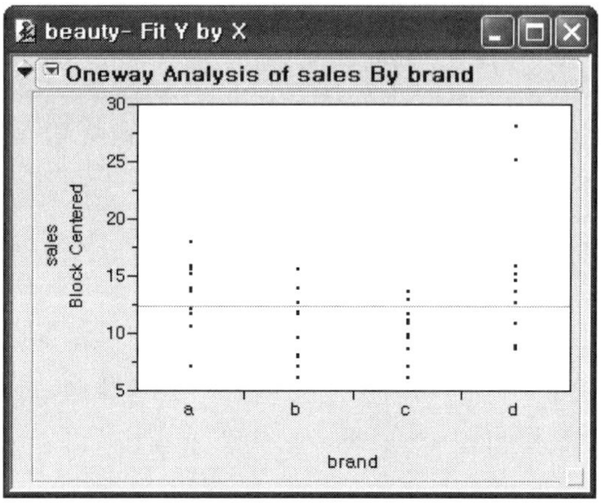

[그림 8.3] [Fit Y by X]플랫폼

이원설계 분산분석

[그림 8.3]의 [Fit Y by X]플랫폼에서 [Oneway Analysis of...]항목 왼편의 붉은 화살표를 클릭하면 **[그림 8.4]**와 같이 팝업메뉴가 나타난다. 팝업메뉴에서 [Means/Anova/t Test]를 선택하여 이원설계 분산분석을 수행하면 그 결과가 **[그림 8.5]**와 같이 [Fit Y by X]의 최종 플랫폼에 출력된다. F-검정통계량은 3.268, p-값이 0.0334(3.34%)이므로 유의수준 5%에서 귀무가설이 기각된다.

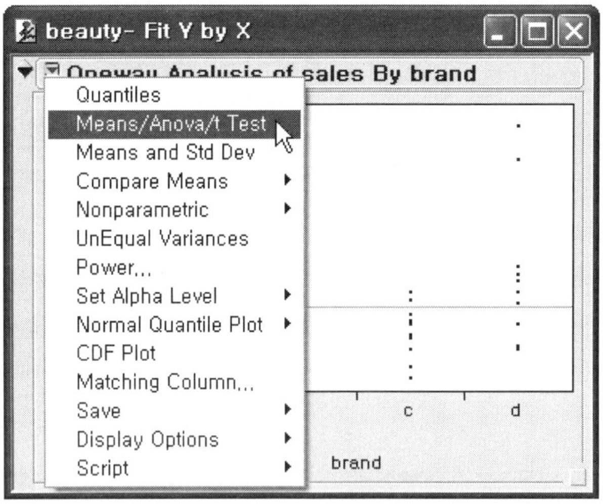

[그림 8.4] 이원설계 분산분석을 위한 팝업메뉴

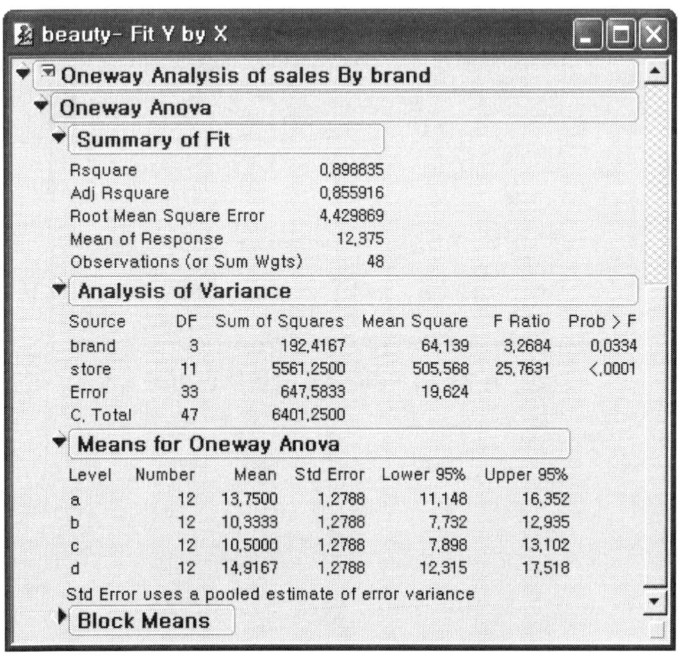
beauty- Fit Y by X

Oneway Analysis of sales By brand

Oneway Anova

Summary of Fit

Rsquare	0.898835
Adj Rsquare	0.855916
Root Mean Square Error	4.429869
Mean of Response	12.375
Observations (or Sum Wgts)	48

Analysis of Variance

Source	DF	Sum of Squares	Mean Square	F Ratio	Prob > F
brand	3	192.4167	64.139	3.2684	0.0334
store	11	5561.2500	505.568	25.7631	<.0001
Error	33	647.5833	19.624		
C. Total	47	6401.2500			

Means for Oneway Anova

Level	Number	Mean	Std Error	Lower 95%	Upper 95%
a	12	13.7500	1.2788	11.148	16.352
b	12	10.3333	1.2788	7.732	12.935
c	12	10.5000	1.2788	7.898	13.102
d	12	14.9167	1.2788	12.315	17.518

Std Error uses a pooled estimate of error variance

Block Means

[그림 8.5] F-검정을 위한 최종 플랫폼

다중비교

[그림 8.5]로부터 유의수준 5%에서 귀무가설이 기각되어 화장품 브랜드별 판매량에 유의한 차이가 인정된다. 다음 단계에서는 다중비교를 통해 어떠한 처리 간에 유의한 차이가 있는지를 알아본다. **[그림 8.6]**과 같이 [Oneway Analysis of...] 항목 왼쪽의 붉은 화살표를 클릭한 후 팝업메뉴에서 [Compare Means >...]를 선택하여 다중비교를 한다. **[그림 8.7]**은 최소유의차방법에 의한 다중비교 결과를 보여주는 [Fit Y by X]의 최종 플랫폼이다. brand d, a가 판매량 상위그룹으로 분류되고, brand c, b가 판매량 하위그룹으로 분류됨을 알 수 있다.

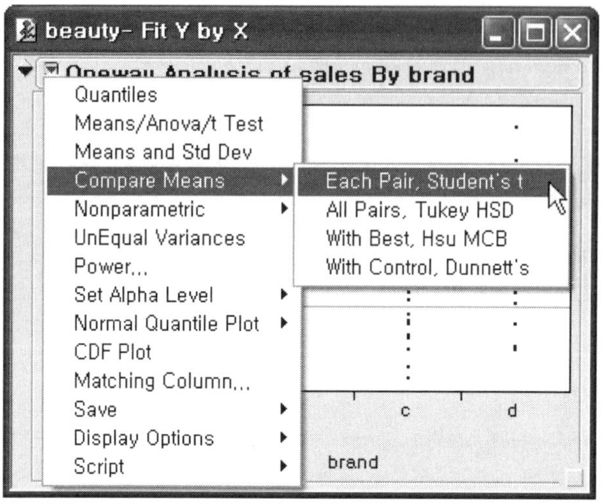

[그림 8.6] 다중비교를 위한 팝업메뉴

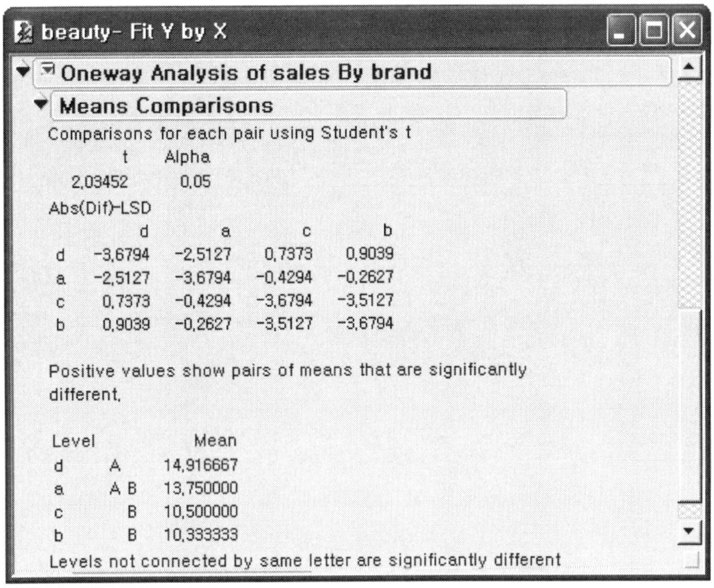

[그림 8.7] 다중비교 결과 플랫폼

F-검정과의 효율비교

대표본 이론에 의해 모수적 F-검정과 프리드만 검정(T_1) 사이의 근사상대효율(ARE)을 계산하면 아래와 같다. 근사상대효율은 처리 수 k에 의존한다. $k=2$인 경우는 t-검정과 부호검정의 근사상대효율과 같게 된다.

분포 / ARE	정규분포	균일분포	양방향지수분포
$ARE(T_1, F)$	$\frac{(0.955)k}{k+1}$	$\frac{k}{(k+1)}$	$\frac{3k}{2(k+1)}$

CHAPTER 9

연관성 측도에 관한 비모수적 방법

1 상관계수

사회현상이나 자연현상을 분석하기 위하여 수집된 자료는 하나의 관측단위에 대해서 여러 개의 숫자변수를 관측하게 되는 것이 대부분이다. 이러한 경우 우리는 이 자료에 포함된 변수들 사이에 연관성(association)이 어느 정도 존재하는지, 또는 변수들 사이의 관계를 어떠한 방정식으로 표현하는 것이 적절한지에 대해서 분석해 볼 필요가 있다. 이 때 두 변수(X, Y) 사이의 선형관계를 재는 측도를 상관계수(correlation coefficient)라고 한다. 상관계수는 일반적으로 다음의 조건을 만족하도록 정의한다.

(-1, 1) 사이의 값을 갖도록 한다.

X가 증가할 때(또는 감소할 때) Y도 증가하는(또는 감소하는) 경향이 있으면 +1.0에 가까운 값을 취하며, 완전한 양의 선형관계에 있으면 +1.0의 값을 갖도록 한다.

X가 증가할 때(또는 감소할 때) Y가 감소하는(또는 증가하는) 경향이 있으면 -1.0에 가까운 값을 취하며, 완전한 음의 선형관계에 있으면 -1.0의 값을 갖도록 한다.

X, Y가 서로 독립이거나 선형관계가 없을 때는 0의 값을 갖도록 한다.

두 변수 (X, Y)의 n개의 이변량 관측값 (x_i, y_i), $i=1, \cdots, n$이 있을 때, 두 변수 X와 Y의 산점도를 **[그림 9.1]**과 같이 그려보면 두 변수 사이에 어떠한 연관성(association)이 존재하는지를 발견할 수 있다. 이 때 두 변수 (X, Y) 사이의 선형관계를 재는 모수적 척도에 피어슨의 적률상관계수(Pearson's product moment correlation coefficient) r이 있다. r은

$$r = \frac{\sum_{i=1}^{n}(x_i - \bar{x})(y_i - \bar{y})}{\sqrt{\sum_{i=1}^{n}(x_i - \bar{x})^2}\sqrt{\sum_{i=1}^{n}(y_i - \bar{y})^2}}$$

으로 정의한다.

피어슨의 적률상관계수는 어떠한 형태의 숫자변수에 대해서도 사용될 수 있으나 구간척도 이상의 양적 관측값이 아닐 경우에는 해석의 어려움이 있다. 또한 피어슨 상관계수의 확률분포는 (X, Y)의 이변량 확률분포에 의존하므로, 이변량 확률분포를 모를 경우 비모수적 검정통계량이나 비모수적 신뢰구간에 이용할 수 없다. 이럴 경우 관측값에 상대적인 순위를 부여하여 순위에 대한 상관계수를 계산한다면, 구간척도 이상의 양적 변수뿐만 아니라 순서형 변수에 대해서도 사용이 가능하고 비모수적 검정통계량으로도 이용이 가능할 것이다. 또한 관측값에 대한 단조변환에 대해서도 불변성을 갖게 되며 비모수적 추론이 가능하게 된다. 한 예로 미술전람회에서 두 명의 심사위원이 10개의 그림을 평가한다고 하자. 이 경우 절대 점수보다 10개 그림에 대한 상대적인 순위를 매겨서 평가한다면, 두 평가위원의 평가순위가 어느 정도 일치하는지를 비모수적 방법으로 평가할 수 있을 것이다.

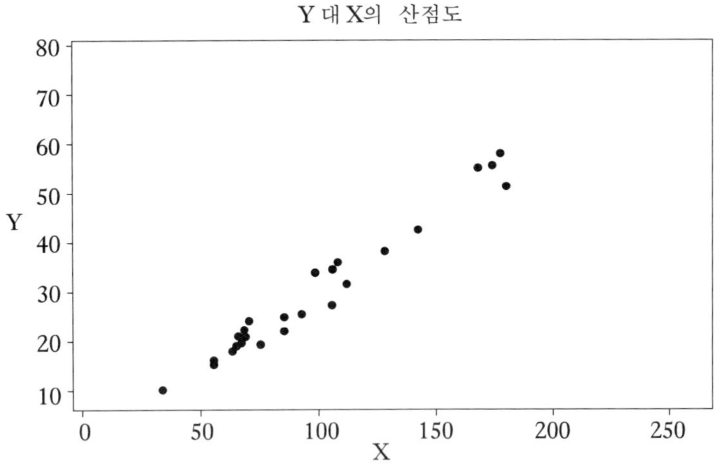

[그림 9.1] 두 변수 X와 Y의 산점도

2 스피어맨의 순위상관

다음의 [표 9.1]은 8개 회사의 에어컨 제품별 소비자의 품질선호 순위와 가격을 조사한 표이다. 이 자료에서처럼 두 변수 중 어느 한 변수가 순서형 자료일 경우, 순위상관계수를 통해 연관성을 측정하는 것이 바람직하다. 두 숫자변수 $(X,\ Y)$의 n개의 관측값이 $(x_1,\ y_1),\ \cdots,\ (x_i,\ y_i),\ \cdots,\ (x_n,\ y_n)$으로 주어졌을 때, X-표본과 Y-표본에 대해 1, 2, $\cdots$, n의 순위를 부여하여 그 순위 쌍을 각각

$$R(x_i) = \text{rank}(x_i),\quad R(y_i) = \text{rank}(y_i)$$

라고 하면 원자료 쌍 $(x_i,\ y_i)$에 대응하는 순위 쌍

$$(R(x_i),\ R(y_i)),\quad i = 1, 2, \cdots, n$$

를 얻을 수 있다. 여기서 동일값이 있을 때는 이들의 평균순위를 부여한다.

[표 9.1] 에어컨 제품별 선호도와 가격

제조회사	품질선호순위*	가격(단위: 천원)
A	7	440
B	4	525
C	2	479
D	6	499
E	1	580
F	3	549
G	8	469
H	5	530

*선호도가 클수록 높은 순위를 주었음

스피어맨 순위상관계수(Spearman's rank correlation) ρ의 유도

자료의 순위 쌍 $(R(x_i),\ R(y_i))$에서 순위 차이의 제곱합을

$$D=\sum_{i=1}^{n}\{R(x_i)-R(y_i)\}^2$$

으로 놓고, 다음의 3가지 조건을 만족하도록 순위상관 ρ를 정의하자. 즉

1) ρ는 D의 일차함수로 정의한다.
2) 순위가 완전 일치하면 $D=0$이며, 이 때 $\rho=1$이 되도록 한다. 즉 순위 쌍이 $(1, 1)$, $(2, 2)$, $\cdots$, (n, n)이면, $\rho=1$이 되도록 한다.
3) 순위가 완전 불일치하여 순위가 역순으로 되어 있으면 D는 최대값을 갖게 되며, 이 때 $\rho=-1$이 되도록 한다. 즉 순위 쌍이 $(1, n)$, $(2, n-1)$, $\cdots$, $(n, 1)$이면, $\rho=-1$이 되도록 한다.

위의 첫째 조건에 따라

$$\rho=a+bD$$

으로 놓자. 두 번째 조건으로부터 $a=1$이며, 세 번째 조건을 이용하여 b를 구해보자. 일반적으로 $n=2m$(짝수)인 경우 D를 계산하여 보자. 다음의 표는 X-표본과 Y-표본의 순위를 역순으로 배열한 것이다.

$R(x_i)$:	1	2	$\cdots$	$m-1$	m	$m+1$	$\cdots$	$2m$
$R(y_i)$:	$2m$	$2m-1$	$\cdots$	$m+2$	$m+1$	m	$\cdots$	1
$R(x_i)-R(y_i)$:	$1-2m$	$3-2m$	$\cdots$	-3	-1	1	$\cdots$	$2m-1$

위의 표로부터

$$\begin{aligned}
D &= 2\left\{1^2+3^2+\cdots+(2m-1)^2\right\} \\
&= 2\left\{\sum_{i=1}^{2m} i^2-(2^2+4^2+\cdots+(2m)^2)\right\} \\
&= 2\left\{\sum_{i=1}^{2m} i^2-2^2\sum_{k=1}^{m} k^2\right\} \\
&= \frac{n(n-1)(n+1)}{3}
\end{aligned}$$

이며, 이 때 $\rho=-1$이 되어야 하므로

$$b=-\frac{6}{n(n^2-1)}$$

이다. 그러므로 스피어맨 순위상관계수는

$$\rho=1-\frac{6}{n(n^2-1)}D \tag{9.1}$$

이다.

스피어맨 순위상관계수 ρ의 재표현

원자료 쌍 $(x_i,\ y_i)$를 그들의 순위 쌍 $(R(x_i),\ R(y_i))$, $i=1,\ \cdots,\ n$으로 대체한 후 피어슨의 적률상관계수를 구하는 공식으로 계산하여도 스피어맨 순위상관계수를 얻을 수 있다. 즉

$$\rho = \frac{\sum_{i=1}^{n}[R(x_i) - \overline{R}(x)][R(y_i) - \overline{R}(y)]}{\sqrt{\sum_{i=1}^{n}[R(x_i) - \overline{R}(x)]^2 \sum_{i=1}^{n}[R(y_i) - \overline{R}(y)]^2}} \tag{9.2}$$

이다. 여기서

$$\overline{R}(x) = \overline{R}(y) = \sum_{i=1}^{n} i/n = \frac{n+1}{2}$$
$$\sum_{i=1}^{n}[R(x_i) - \overline{R}(x)]^2 = \sum_{i=1}^{n}[R(y_i) - \overline{R}(y)]^2 = \sum_{i=1}^{n}\left(i - \frac{n+1}{2}\right)^2 = \frac{n(n^2-1)}{12}$$

이다. 따라서

$$\rho = \frac{\sum_{i=1}^{n}[R(x_i) - (n+1)/2][R(y_i) - (n+1)/2]}{n(n^2-1)/12} \tag{9.3}$$

이며, 식(9.3)의 분자를 전개하면 식(9.1)의 스피어맨 순위상관계수와 같아짐을 알 수 있다.

스피어맨 순위상관계수 ρ를 이용한 가설검정

스피어맨 순위상관계수 ρ는 다음의 가설

$$H_0 : X\text{와 } Y\text{는 서로 독립이다,} \quad H_1 : \text{ not } H_0$$

을 검정하기 위한 비모수적 검정통계량으로 사용된다. 위의 가설에 대한 기각역은

$$C = \{\rho : |\rho| > w_{\alpha/2}\}$$

이다. 여기서 임계값 $w_{\alpha/2}$는 [부록표 8]의 스피어맨 검정통계량의 백분위수표로부터 얻을 수 있다.

귀무가설이 참일 때, ρ의 평균과 분산은 각각

$$E(\rho) = 0, \quad Var(\rho) = \frac{1}{n-1}$$

이다. 대표본 이론에 의하면 귀무가설이 참일 때

$$\frac{\rho}{1/\sqrt{n-1}} = \sqrt{n-1} \cdot \rho \simeq N(0,\ 1)$$

이므로, 근사적인 p-값은

$$p - \text{값} \approx P(|Z| \geq \sqrt{n-1}\ |\rho_0|), \quad Z \sim N(0,\ 1)$$

이 된다. 크기 30 이하의 소 표본에서는 [부록표 8]을 이용하여 기각역의 임계값을 구한 후 가설을 검정할 수 있다.

예제 9.1

에어컨 제품별 소비자의 품질선호 순위와 가격을 조사한 [표 9.1]의 자료를 이용하여 스피어맨 순위상관계수를 계산하여 보자. [표 9.1]의 원자료에서 품질선호 순위는 처음부터 순위로 주어졌으므로 그대로 이용하고 가격관련 자료에는 순위를 부여하여 다음의 [표 9.2]를 완성한다.

[표 9.2] 품질선호 순위와 가격의 순위 쌍

제조회사	품질선호(x)	가격(y)	R(x)	R(y)
A	7	440	7	1
B	4	525	4	5
C	2	479	2	3
D	6	499	6	4
E	1	580	1	8
F	3	549	3	7
G	8	469	8	2
H	5	530	5	6

위의 [표 9.2]의 순위 쌍을 이용하여 $D=\sum_{i=1}^{n}\{R(x_i)-R(y_i)\}^2$를 계산하면

$$D=(7-1)^2+(4-5)^2+\cdots+(8-2)^2+(5-6)^2=144$$

이므로, 스피어맨 순위상관계수는

$$\begin{aligned}\rho &= 1-\frac{6}{n(n^2-1)}D\\ &= 1-\frac{6}{8(8^2-1)}\times 144 \approx -0.7143\end{aligned}$$

이 된다. 이 자료에서는 품질선호도와 가격이 음의 상관을 갖고 있음을 알 수 있다. [부록표 8]의 백분위수표에서 $n=8$일 때 스피어맨 검정통계량의 상위 2.5% 분위수는 0.7143이므로 유의수준 5%에서의 양측 기각역은

$$C=\{\rho : |\rho| > 0.7143\}$$

이다. 이 자료에서는 관측값에 의한 ρ의 절대값이 기각역의 임계값과 같으므로 유의수준 5%에서 근소하게 귀무가설을 기각하게 된다.

JMP에 의한 스피어맨 순위상관계수 – 자료입력

[표 9.1]의 에어컨 제품별 선호도와 가격에 관한 자료를 JMP로 분석하여 보자. **[그림 9.2]**와 같이 자료를 데이터테이블에 입력한다.

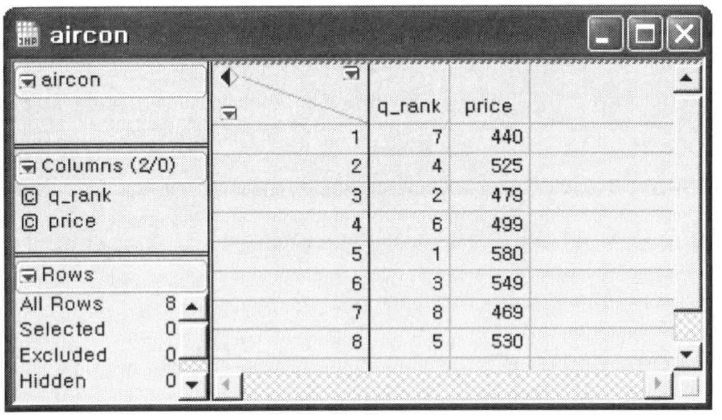

[그림 9.2] 자료입력이 완료된 데이터테이블 윈도우

분석을 위한 메뉴 선택

메인메뉴에서 **[그림 9.3]**과 같이 [Analyze>Mutivariate Methods>Multivariate]를 선택한 후, **[그림 9.4]**의 [Multivariate and Correlations]대화상자를 완성한다. 왼쪽 상자에서 변수 q_rank, price를 선택한 후 [Y, Columns]단추를 클릭하여 두 변수를 오른쪽 상자로 보내고, [OK]단추를 클릭한다.

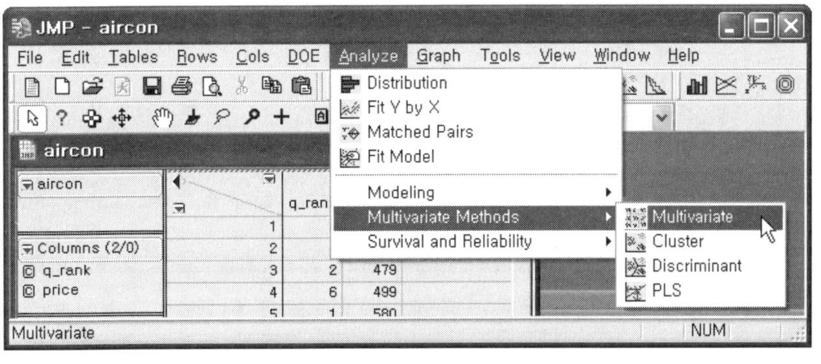

[그림 9.3] 메뉴 선택화면

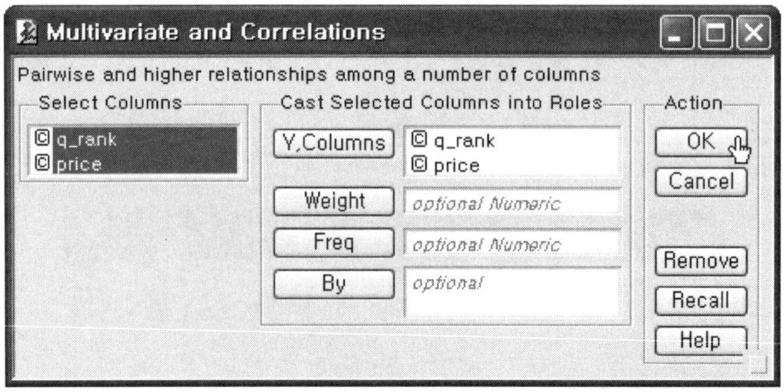

[그림 9.4] 완성된 [Multivariate and ...] 대화상자

[Multivariate] 플랫폼

[그림 9.5]는 [Analyze>Mutivariate Methods>Multivariate] 메뉴에 의한 첫 번째 출력 윈도우로서 피어슨 적률상관계수와 산점도 행렬이 출력된다.

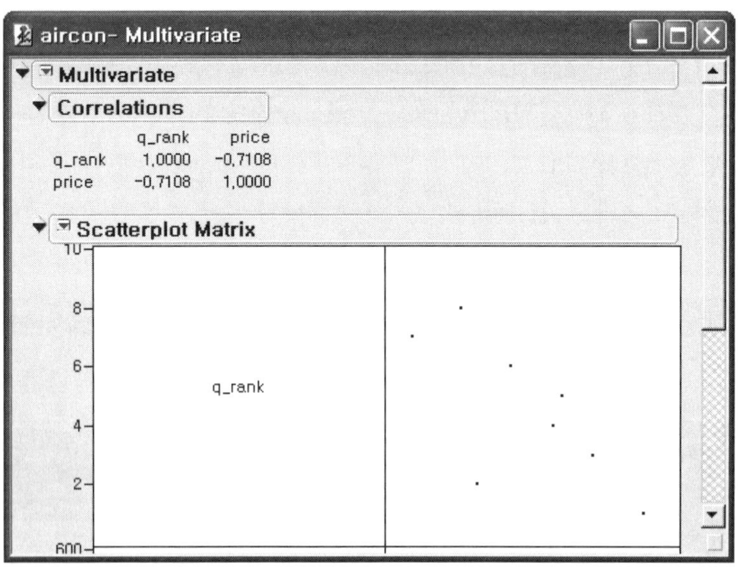

[그림 9.5] 피어슨 적률상관계수와 산점도 행렬의 출력화면

스피어맨 순위상관계수 ρ의 출력

[그림 9.5]의 [Multivariate]플랫폼에서 [Multivariate]항목 왼편의 붉은 화살표를 클릭하면 **[그림 9.6]**과 같이 팝업메뉴가 나타난다. 팝업메뉴에서 [Nonparametric Correlations>Spearman's Rho]를 선택하면, 스피어맨 순위상관계수를 보여주는 [Multivariate] 최종 플랫폼이 **[그림 9.7]**과 같이 출력된다. 에어컨 제품선호도와 가격 사이의 스피어맨 순위상관계수는 $\rho = -0.7143$으로써 음의 상관을 보여주고 있다. 양측 p-값이 0.0465(4.65%)이므로 유의수준 5%에서 귀무가설이 기각된다.

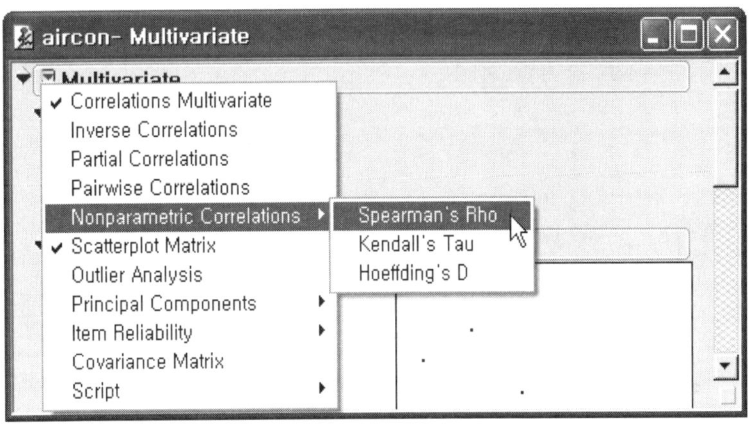

[그림 9.6] 스피어맨의 순위상관을 구하기 위한 팝업메뉴

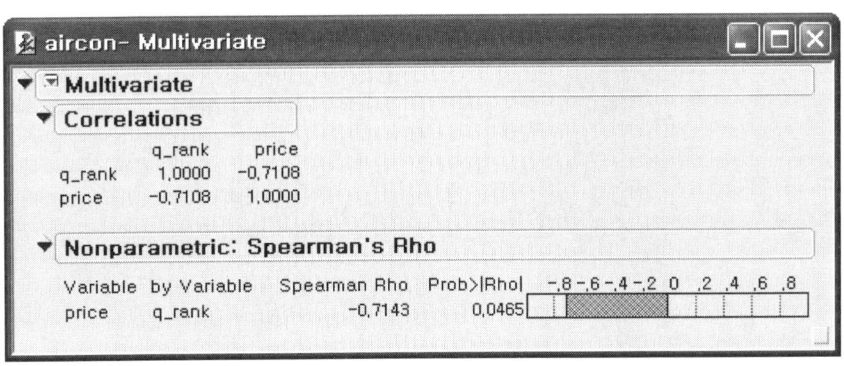

[그림 9.7] 스피어맨의 순위상관을 보여주는 최종 플랫폼

3 켄달의 순위상관

부합 쌍과 비부합 쌍

켄달 순위상관계수(Kendall's rank correlation) τ도 스피어맨 순위상관계수 ρ와 마찬가지로 이변량 관측값의 순위에 근거하여 계산한다. 이변량 숫자변수 (X, Y)의 2개의 관측값 (x_i, y_i), (x_j, y_j), $i \neq j$에 대하여

$$(x_j - x_i)(y_j - y_i) > 0$$

이면 두 관측값은 부합 쌍이라 하고,

$$(x_j - x_i)(y_j - y_i) < 0$$

이면 비부합 쌍이라고 한다([그림 9.8] 참조).

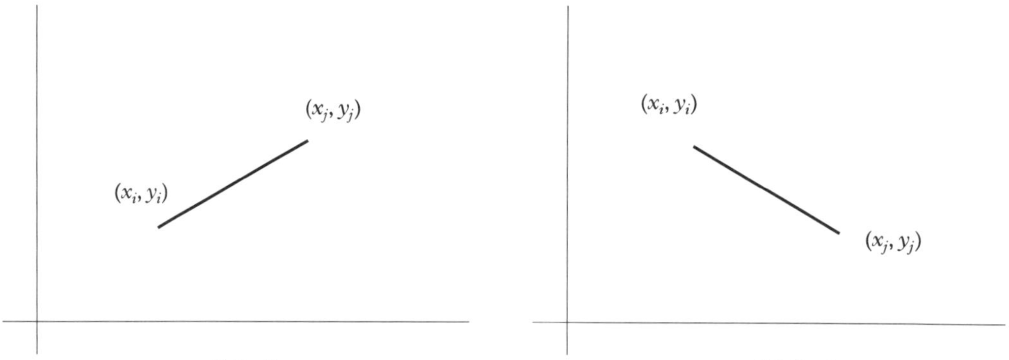

[그림 9.8] 부합 쌍과 비부합 쌍

켄달 순위상관계수 τ의 정의

n개의 이변량 자료 (x_1, y_1), $\cdots$, (x_i, y_i), $\cdots$, (x_n, y_n)에 대해서 가능한 2개씩의 조합의 수는 $\binom{n}{2} = n(n-1)/2$이다. 동일값이 없을 경우 부합 쌍의 수를 P, 비부합 쌍의 수를 Q라 하면 켄달 순위상관계수 τ는

$$\tau = \frac{P-Q}{n(n-1)/2}$$

으로 정의한다. 따라서 모든 쌍이 부합 쌍이면 $\tau = 1.0$이 되며, 모든 쌍이 비부합 쌍이면 $\tau = -1.0$이 되어 상관계수로 사용할 수 있다. X 또는 Y 관측값에 동일값이 있을 경우에는 이들을 제외한 후 P, Q를 계산하며 다음의 수정된 공식으로 τ를 계산한다. 즉

$$\tau = \frac{P-Q}{\{n(n-1)/2 - T_x\}^{1/2}\{n(n-1)/2 - T_y\}^{1/2}}$$

이다. 여기서

$$T_x = \sum t_x(t_x - 1)/2, \quad T_y = \sum t_y(t_y - 1)/2$$

이며, t_x는 X-관측값 중 동일값을 갖는 세트 속의 관측값 개수를, t_y는 Y-관측값 중 동일값을 갖는 세트 속의 관측값 개수를 나타낸다.

켄달 순위상관계수 τ를 이용한 가설검정

켄달 τ도 스피어맨 ρ와 마찬가지로 비모수적 검정통계량으로 사용되며 검정하고자 하는 가설은

$$H_0 : X\text{와 } Y\text{는 서로 독립이다}, \qquad H_1 : \text{not } H_0$$

으로 설정할 수 있다. 유의수준 α의 양측 기각역은

$$C = \{\tau : |\tau| > w_{\alpha/2}\}$$

이다. [부록표 9]로부터 구한 켄달 검정통계량

$$T = P - Q$$

의 상위 $\alpha/2$분위수를 $t_{\alpha/2}$라고 하면

$$w_{\alpha/2} = \frac{t_{\alpha/2}}{n(n-1)/2}$$

이다. 대표본 이론에 의하면

$$Z = \frac{3\tau \cdot \sqrt{n(n-1)}}{\sqrt{2(2n+5)}}$$

는 귀무가설 하에서 근사적으로 표준정규분포 $N(0,\ 1)$에 따르므로, 이에 따라 근사적인 p-값을 계산할 수 있다.

예제 9.2

에어컨 제품별 소비자의 품질선호 순위와 가격을 조사한 **[표 9.1]**의 자료를 이용하여 켄달 순위상관계수를 계산하여 보자. **[표 9.1]**의 원자료에서 품질선호 순위를 기준으로 오름차순 정리한 후, 위에서 아래로 부합 쌍과 비부합 쌍의 수를 계산하면 **[표 9.3]**과 같다. 여기서 부합 쌍의 수=6, 비부합 쌍의 수=22이므로 켄달 순위상관계수 τ는

$$\tau = \frac{P-Q}{n(n-1)/2} = \frac{6-22}{28} \approx -0.5714$$

이다. [부록표 9]에서 $n=8$일 때 켄달 검정통계량 $T=P-Q$의 상위 2.5% 분위수는 16이므로

$$w_{0.025} = \frac{t_{0.025}}{n(n-1)/2} = \frac{16}{28} = 0.5714$$

이다. 따라서 유의수준 5%에서의 양측 기각역은

$$C = \{\tau : |\tau| > 0.5714\}$$

이다. 이 자료에서는 관측값에 의한 τ의 절대값이 기각역의 임계값과 같으므로 유의수준 5%에서 근소하게 귀무가설을 기각하게 된다.

[표 9.3] 부합 쌍과 비부합 쌍의 수

제조회사	품질선호(x)	가격(y)	부합 쌍의 수	비부합 쌍의 수
A	1	580	0	7
B	2	479	4	2
C	3	549	0	5
D	4	525	1	3
E	5	530	0	3
F	6	499	0	2
G	7	440	1	0
H	8	469	0	0

JMP에 의한 켄달 순위상관계수 τ계산

[표 9.1]의 에어컨 제품별 선호도와 가격에 관한 자료를 분석하여 보자. **[그림 9.2]~[그림 9.5]**까지는 스피어맨 순위상관계수 구하는 절차와 동일하다. **[그림 9.6]**의 팝업메뉴에서 [Nonparametric Correlations>Kendall's Tau]를 선택하면, **[그림 9.9]**의 출력결과를 얻을 수 있다. 켄달 순위상관계수는

$$\tau = -0.5714 \ (p-\text{값} = 4.78\%)$$

이다.

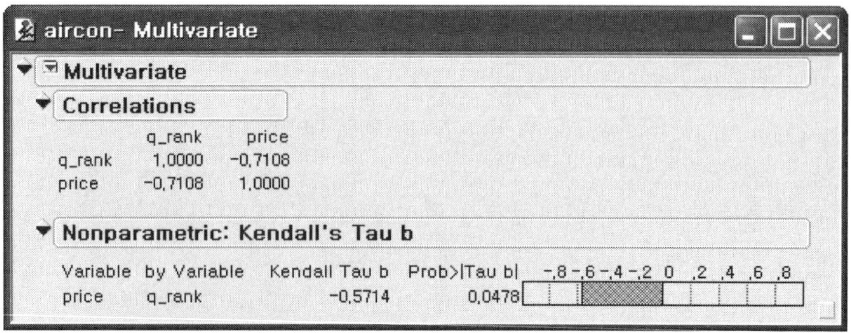

[그림 9.9] 켄달 순위상관계수 τ에 관한 최종 플랫폼

4 모수적 방법과 비교

JMP에 의한 피어슨 적률상관계수

메인메뉴에서 [Analyze>Multivariate Methods>Multivariate] 메뉴를 선택하면 피어슨 적률상관계수를 구할 수 있다. **[그림 9.5]**의 [Multivariate]플랫폼에 피어슨 적률상관계수와 산점도 행렬이 출력된다.

[Analyze>Fit Y by X] 메뉴에 의한 피어슨 적률상관계수

메인메뉴에서 [Analyze>Fit Y by X]를 클릭한 후, **[그림 9.10]**의 [Fit Y by X]대화상자를 완성한다. [Fit Y by X]대화상자의 왼쪽 상자에서 변수 price를 선택한 후 [Y, Response]단추를 클릭하여 오른쪽 상자로 보낸다. 다음에는 변수 q_rank를 선택한 후 [X, Factor]단추를 클릭하여 오른쪽 상자로 보낸 후, [OK]단추를 클릭한다. [Analyze>Fit Y by X] 메뉴에 의한 첫 번째 출력 윈도우는 **[그림 9.11]**과 같은 두 변수의 산점도이다.

[그림 9.11]의 플랫폼에서 [Bivariate Fit of ...]항목 왼편의 붉은 화살표를 클릭하면 **[그림 9.12]**와 같이 팝업메뉴가 나타난다. 팝업메뉴에서 [Density Ellipse > .95(또는 임의의 숫자)]를 선택하면, **[그림 9.13]**과 같은 최종 플랫폼이 출력된다. 이 출력 플랫

폼에서 피어슨 적률상관계수는

$$r = -0.7108\ (p-\text{값} = 4.81\%)$$

으로 음의 상관이 존재함을 알 수 있다.

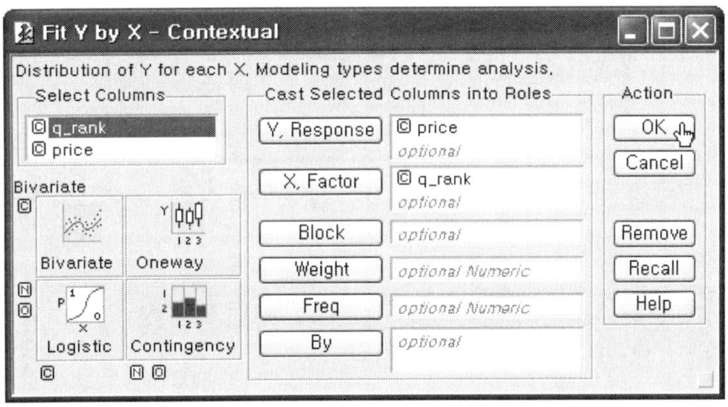

[그림 9.10] 완성된 [Fit Y by X]대화상자

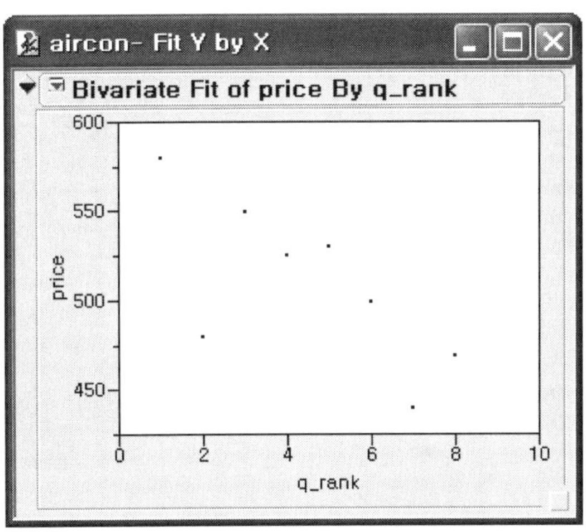

[그림 9.11] [Fit Y by X]의 첫 번째 플랫폼

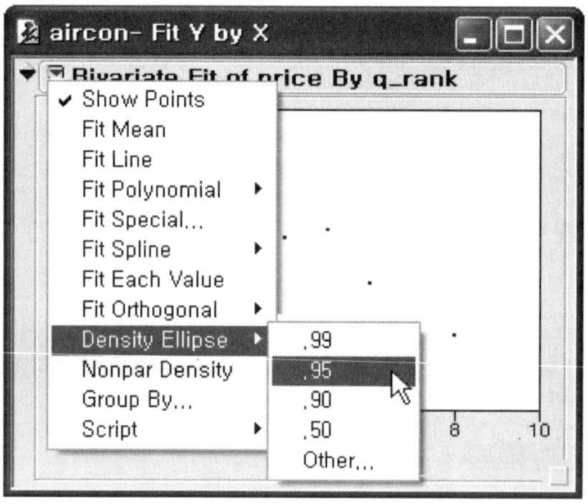

[그림 9.12] 피어슨 적률상관을 얻기 위한 팝업메뉴

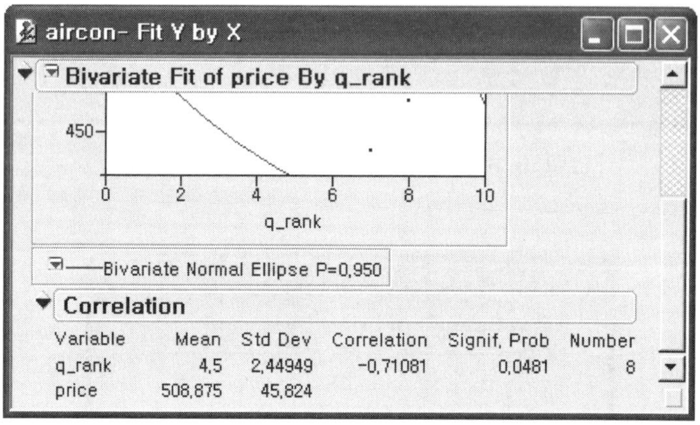

[그림 9.13] [Fit Y by X]에 의한 피어슨 적률상관계수의 출력

효율 비교

대표본 이론에 의하면 이변량 정규분포에서 스피어맨의 ρ를 이용한 검정, 켄달의 τ를 이용한 검정 및 피어슨의 r에 근거한 검정 사이의 근사상대효율(ARE)은 다음과 같다.

	$ARE(\rho,\ r)$	$ARE(\tau,\ r)$
이변량 정규분포	0.912	0.912

10 선형회귀에 관한 비모수적 방법

CHAPTER

1 단순선형회귀 모형

n개의 이변량 관측값(x_i, y_i), $i=1, \cdots, n$이 주어졌을 때 두 변수 X, Y 사이의 산점도를 그려보면 두 변수 사이에 어떠한 수학적 모형이 적합한가를 짐작할 수 있다. 산점도로부터 두 변수 사이에 선형관계가 있다고 판단되면(그렇지 않으면 선형관계를 갖도록 변수변환을 시도해 본다) 단순회귀모형을 다음과 같이 설정할 수 있다.

$$y_i = \beta_0 + \beta_1 x_i + \epsilon_i, \ i=1, \cdots, n$$

여기서 ϵ_i, $i=1, \cdots, n$는 서로 독립이며 정규분포 $N(0, \sigma^2)$에 따르는 확률변수로 가정한다(모수적 방법). 위의 회귀모형에서 변수 X를 독립변수(independent variable) 또는 설명변수(explanatory variable)라 하며, 변수 Y를 종속변수(dependent variable) 또는 반응변수(response variable)라 한다.

2 회귀계수의 추정

최소제곱법에 의한 추정

단순회귀모형에서 모회귀직선(population regression line)은

$$E(Y) = \beta_0 + \beta_1 x$$

으로 표현되며 회귀계수 β_0, β_1은 최소제곱법(least square method)에 의해 추정할 수 있다. 주어진 관측자료 (x_i, y_i), $i=1, \cdots, n$에 대한 회귀모형에서 오차항은

$$\epsilon_i = y_i - \beta_0 - \beta_1 x_i, \; i=1, \cdots, n$$

으로 표현된다. 최소제곱법이란 회귀모형에서 오차제곱합

$$SS_E = \sum_{i=1}^{n} \epsilon_i^2 = \sum_{i=1}^{n} (y_i - \beta_0 - \beta_1 x_i)^2$$

을 최소로 하는 β_0, β_1을 구하는 것이다. 오차제곱합 SS_E를 각각 β_0, β_1으로 편미분하여 0으로 놓은 뒤 β_0, β_1에 대한 다음의 연립방정식

$$n \cdot \beta_0 + (\sum x_i)\beta_1 = \sum y_i$$
$$(\sum x_i)\beta_0 + (\sum x_i^2)\beta_1 = \sum x_i y_i$$

을 풀면, 최소제곱추정치(least square estimator) $\hat{\beta}_1$, $\hat{\beta}_0$은 각각

$$\hat{\beta}_1 = \frac{\sum (x_i - \overline{x})(y_i - \overline{y})}{\sum (x_i - \overline{x})^2}$$
$$\hat{\beta}_0 = \overline{y} - \hat{\beta}_1 \overline{x}$$

이 된다. 이로부터 **[그림 10.1]**과 같은 표본회귀직선(sample regression line)

$$\hat{y} = \hat{\beta}_0 + \hat{\beta}_1 x$$

을 얻게 된다.

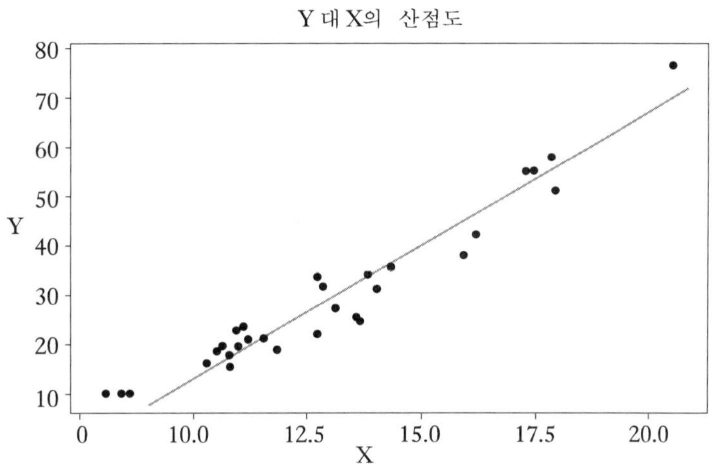

[그림 10.1] (X, Y) 산점도와 표본회귀직선

최소제곱법에 의해 적합된 선형회귀식

$$\hat{y} = \hat{\beta}_0 + \hat{\beta}_1 x$$

에서 자료값 y_i는

$$y_i = \hat{y}_i + e_i$$

으로 표현된다. 여기서 $\hat{y}_i$을 예측값(predicted value)이라 하며, 관측값 y_i와 예측값 $\hat{y}_i$의 차이인

$$e_i = y_i - \hat{y_i} = y_i - \hat{\beta}_0 - \hat{\beta}_1 x_i$$

를 잔차(residual)라 한다. 또한 오차분산 σ^2는

$$\hat{\sigma}^2 = \sum_{i=1}^{n} e_i^2 / (n-2) = \sum_{i=1}^{n} (y_i - \hat{y}_i)^2 / (n-2) \equiv s^2$$

으로 추정한다.

회귀계수의 로버스트 추정

다음에는 특이한 반응측정값에 민감하지 않은 로버스트(robust) 추정방법을 알아보자. 두 개의 이변량 관측자료

$$(x_i,\ y_i),\ (x_j,\ y_j) \quad (i < j,\ i, j = 1,\ \cdots,\ n)$$

에 대한 '두 점 기울기' s_{ij}는

$$s_{ij} = \frac{y_i - y_j}{x_i - x_j}, \quad x_i \neq x_j$$

이다. '두 점 기울기'의 순서통계량으로부터 계산된 중위수를 $s_{(med)}$, 이변량 관측자료 $(x_i,\ y_i)$, $i = 1,\ \cdots,\ n$으로부터 계산된 두 변량의 중위수를 각각

$$x_{med},\ y_{med}$$

라고 하면, 회귀계수 β_1, β_0의 로버스트 추정치 B_1, B_0는

$$B_1 = s_{(med)}$$
$$B_0 = y_{med} - B_1\, x_{med}$$

이다.

3 선형회귀에 관한 모수적 추론

결정계수

최소제곱추정에 의해 적합된 선형회귀식

$$\hat{y} = \hat{\beta}_0 + \hat{\beta}_1 x$$

이 주어진 자료들을 어느 정도 잘 적합시키는지 알아보자. 종속변수 Y의 전체 편차평방합 TSS는 회귀에 의한 편차평방합 SS_R과 잔차평방합 SS_E로 분할할 수 있다(**[그림 10.2]** 참조). 즉,

$$TSS = SS_R + SS_E$$

이다. 여기서

$$TSS = \sum_{i=1}^{n}(y_i - \overline{y})^2, \ df = n-1$$

$$SS_R = \sum_{i=1}^{n}(\hat{y_i} - \overline{y})^2, \ df = 1$$

$$SS_E = \sum_{i=1}^{n}(y_i - \hat{y_i})^2, \ df = n-2$$

이다. 회귀에 의한 편차평방합 SS_R을 전체 편차평방합 TSS로 나눈 값

$$R^2 = \frac{SS_R}{TSS} = 1 - \frac{SS_E}{TSS}$$

을 결정계수(coefficient of determination)라 하며 이는 종속변수 Y의 전체변동 중 회귀에 의해 설명되는 변동의 비율을 나타낸다. 따라서 결정계수 R^2는 추정된 회귀직선이 어느 정도 자료와 잘 적합 하는지를 재는 척도로 사용된다. 결정계수 R^2를

자유도로 수정시킨 수정결정계수(adjusted R^2) R_a^2는

$$R_a^2 = R^2 - \frac{p(1-R^2)}{n-p-1}$$

이다. 여기서 p는 독립변수의 개수를 나타내며, 단순회귀모형에서는 $p=1$이다.

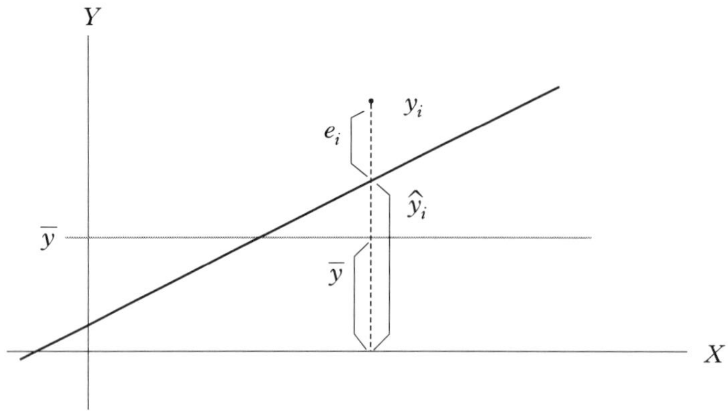

[그림 10.2] 관측값, 예측값, 그리고 잔차

회귀계수에 대한 모수적 추론

평방합의 분할로부터 **[표 10.1]**의 분산분석표를 얻을 수 있다. 두 변량 사이에 선형 관계가 존재하지 않는다는 가설

$$H_0 : R_{pop}^2(\text{모결정계수}) = 0 \ (\text{또는 } \beta_1 = 0)$$

를 검정하기 위한 모수적 검정통계량은

$$F_0 = MS_R / MS_E$$

이며, F_0는 귀무가설이 참일 때 자유도 $(1,\ n-2)$인 F-분포에 따른다. 따라서

$$F_0 > F_\alpha$$

일 때 귀무가설을 기각한다. 여기서 F_α는 자유도 $(1,\ n-2)$인 F-분포의 상위 α분위수이다.

[표 10.1] 단순회귀에 의한 분산분석표

변인	자유도(df)	평방합(SS)	평균평방(MS)	$F-$값
회귀	1	SS_R	MS_R	$F_0 = MS_R / MS_E$
오차	$n-2$	SS_E	MS_E	
전체	$n-1$	TSS		

회귀계수 β_1에 관한 모수적 t-검정통계량은

$$t = \frac{\hat{\beta}_1}{s.e(\hat{\beta}_1)} = \frac{\hat{\beta}_1}{s \,/\, \sqrt{(n-1)S_x^2}}, \quad S_x^2 = \frac{\sum_{i=1}^{n}(x_i - \overline{x})^2}{n-1}$$

이며, 귀무가설$(H_0 : \beta_1 = 0)$이 참일 때 자유도$(n-2)$의 t-분포에 따른다. 회귀계수 β_1에 관한 모수적 $100(1-\alpha)\%$ 신뢰구간은

$$\hat{\beta}_1 \pm t_{\alpha/2} \cdot s.e(\hat{\beta}_1)$$

이 된다. 여기서 $t_{\alpha/2}$는 자유도$(n-2)$의 t-분포의 상위 $\alpha/2$분위수를 나타낸다.

JMP에 의한 회귀계수 추정

다음의 **[표 10.2]**는 어느 중학교 학생들의 체력검사자료이다. 신장을 설명변수, 체중을 반응변수로 하여 회귀하여 보자.

[표 10.2] 체력검사자료

id	shotput	grip	weight	height	gender	food
1	38	48	55.7	168	m	3
2	33	44	60.0	172	m	1
3	26	41	45.3	162	f	3
4	29	36	49.8	167	m	2
5	27	34	47.3	159	f	2
6	31	38	51.7	170	f	1
7	25	39	48.5	165	m	3
8	36	46	56.3	174	m	1
9	33	44	59.6	167	f	1
10	28	40	53.9	165	m	2
11	24	36	43.4	156	f	3
12	24	35	45.6	158	f	1
13	28	35	47.3	162	m	2
14	27	34	50.8	159	m	3
15	30	36	52.6	166	m	3
16	26	33	50.7	160	f	2
17	34	42	64.6	178	m	1
18	25	32	54.1	163	f	1
19	25	25	43.7	156	f	2
20	34	45	65.8	173	m	2

위의 자료를 입력하여 데이터테이블을 완성한 후, 메인메뉴에서 [Analyze>Fit Y by X]를 선택하여 **[그림 10.3]**과 같이 [Fit Y by X]대화상자를 완성한다. [Fit Y by X] 대화상자의 왼쪽 상자에서 변수 weight를 선택한 후 [Y, Response]단추를 클릭하여 오른쪽 상자로 보낸다. 다음에는 변수 height를 선택한 후 [X, Factor]단추를 클릭하여 오른쪽 상자로 보낸 후, [OK]단추를 클릭한다. [Analyze>Fit Y by X] 메뉴에 의한 첫 번째 출력 윈도우는 **[그림 10.4]**와 같은 두 변수의 산점도이다. **[그림 10.4]**의 [Fit Y by X]플랫폼에서 [Bivariate Fit of ...]항목 왼편의 붉은 화살표를 클릭하면, **[그림 10.5]**와 같이 팝업메뉴가 나타난다. 팝업메뉴에서 [Fit Line]을 선택하면 **[그림 10.6]**의 선형회귀식을 보여주는 플랫폼이 나타난다.

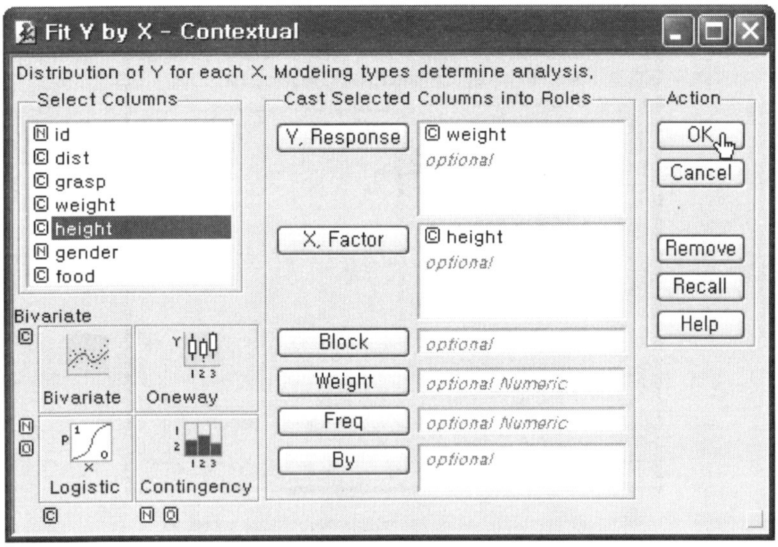

[그림 10.3] 완성된 [Fit Y by X] 대화상자

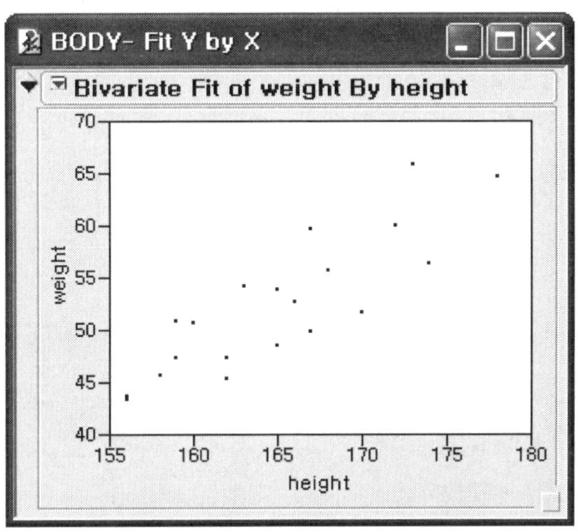

[그림 10.4] [Fit Y by X] 플랫폼

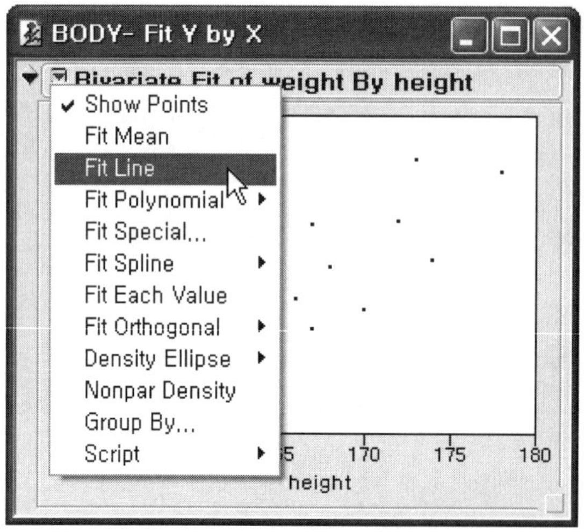

[그림 10.5] 선형회귀를 위한 팝업메뉴

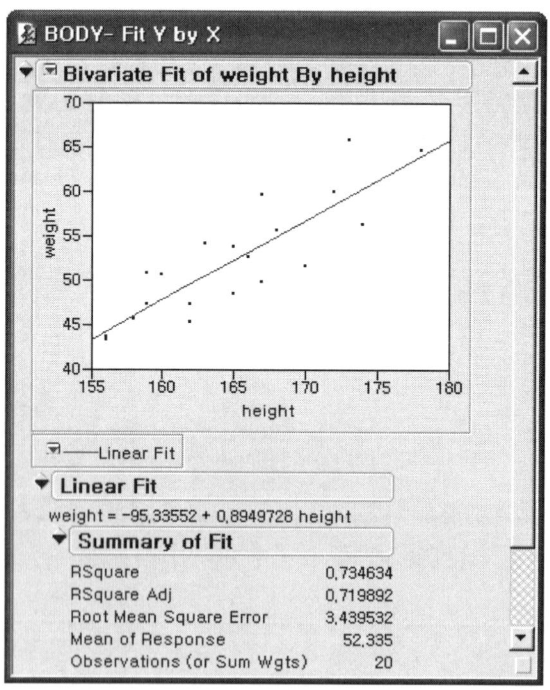

[그림 10.6] 선형회귀식을 보여주는 플랫폼

4 회귀계수에 관한 비모수적 검정

검정하고자 하는 가설은

$$H_0 : \beta_1 = b_0, \quad H_1 : \beta_1 > b_0$$

이며, 이러한 가설은 스피어맨 순위상관계수 ρ를 이용하여 검정할 수 있다. 모든 관측자료 쌍 $(x_i,\ y_i)$, $i = 1,\ \cdots,\ n$에 대해서

$$y_i - b_0 x_i = u_i$$

를 계산한다. 그런 다음에는 새로운 자료 쌍 $(x_i,\ u_i)$, $i = 1,\ \cdots,\ n$에 대한 스피어맨 순위상관계수 ρ를 계산한다. 스피어맨 검정통계량 ρ의 상위 α분위수를 w_α라고 하면, 위의 가설에 대한 유의수준 α의 기각역은

$$\{\rho \geq w_\alpha\}$$

이다.

5 회귀계수에 관한 비모수적 구간추정

가설검정과 신뢰구간은 서로 밀접하게 연관되어 있다. 즉 가설검정문제에서 다음의 귀무가설

$$H_0 : \beta_1 = b_0$$

을 채택하게 되는 b_0의 영역이 β_1의 신뢰구간이 되며, 이 때의 신뢰계수는 $(1-\alpha)$가 된다.

켄달 순위상관계수 τ를 이용하여 β_1에 관한 신뢰구간을 구해 보자. 가설로 설정된 기울기 b_0에 대해서, '두 점 기울기' $s_{ij}\,(i<j,\ i,j=1,\ \cdots,\ n)$는

$$\begin{aligned} s_{ij} &= \frac{y_i - y_j}{x_i - x_j} = \frac{u_i + b_0 x_i - u_j - b_0 x_j}{x_i - x_j},\ x_i \neq x_j \\ &= b_0 + \frac{u_i - u_j}{x_i - x_j},\ \text{여기서}\ u_i = y_i - b_0 x_i \end{aligned}$$

이다. 따라서

$$\begin{aligned} &s_{ij} - b_0 > 0,\ (x_i,\ u_i)\text{와}\ (x_j,\ u_j)\text{가 부합 쌍일 경우} \\ &s_{ij} - b_0 < 0,\ (x_i,\ u_i)\text{와}\ (x_j,\ u_j)\text{가 비부합 쌍일 경우} \end{aligned}$$

이다. 여기서 가설 $H_0 : \beta = b_0$에 대한 검정통계량의 채택역을 구해 보자. b_0보다 작게 되는 '두 점 기울기' s_{ij}의 개수, 즉

$$(x_1,\ u_1),\ (x_2,\ u_2),\ \cdots,\ (x_n,\ u_n)$$

로부터 계산된 비부합 쌍의 수 Q를 검정통계량으로 사용한다면, 귀무가설의 채택 영역은

$$\{\eta_{1-\alpha/2} < Q < \eta_{\alpha/2}\}$$

이다. 여기서 $\eta_{1-\alpha/2},\ \eta_{\alpha/2}$는 각각 Q의 상위 $1-\alpha/2$, $\alpha/2$분위수를 나타내며, [부록표 9]의 켄달 검정통계량 $T=P-Q$의 백분위수를 이용하여 계산할 수 있다. 켄달 검정통계량 T의 상위 α분위수를 t_α라 하자. 그러면

$$P+Q=N,\quad P=\text{부합 쌍의 수}$$

이므로, $P-Q=N-2Q$이다. 자료에 동일값이 없을 경우 $N=\binom{n}{2}$이다. 켄달 검정통계량의 상위 $\alpha/2$분위수 $t_{\alpha/2}$와 다음의 수식

$$P(Q<\eta_{1-\alpha/2})=P(P-Q>N-2\eta_{1-\alpha/2})=\alpha/2$$

로부터

$$N-2\eta_{1-\alpha/2}=t_{\alpha/2}$$

이다. 따라서

$$\eta_{1-\alpha/2}=\frac{N-t_{\alpha/2}}{2}$$

이다. 마찬가지로

$$\eta_{\alpha/2}=\frac{N-t_{1-\alpha/2}}{2}$$

를 구할 수 있다. 한편 켄달 검정통계량 $T=P-Q$는 영을 중심으로 대칭이므로

$$t_{\alpha/2}=-t_{1-\alpha/2}$$

이다. 따라서

$$\eta_{\alpha/2}=\frac{N+t_{\alpha/2}}{2}$$

이다. 여기서 '두 점 기울기' s_{ij}의 순서통계량을

$$s_{(1)} \leq s_{(2)} \leq \cdots \leq s_{(N)}$$

이라 하고,

$$c = \frac{N - t_{\alpha/2}}{2}, \quad d = \frac{N + t_{\alpha/2}}{2} + 1$$

으로 놓으면

$$P\{s_{(c)} < \beta_1 < s_{(d)}\} \geq 1 - \alpha$$

이 된다. 여기서 c, d가 정수가 아닐 경우에는 c는 소수점 이하를 버리고, d는 올림을 한다. 이로부터 β_1에 관한 수준 $1-\alpha$의 비모수적 신뢰구간

$$(s_{(c)},\ s_{(d)})$$

이 얻어진다.

예제 10.1

다음의 **[표 10.3]**은 12쌍의 쌍둥이를 임의로 뽑아 먼저 나온 쌍둥이(X)와 나중 나온 쌍둥이(Y)에게 공격성 검사를 실시하여 얻은 심리검사표이다. 여기서 높은 점수는 보다 공격성이 강한 것을 나타낸다. Y를 반응변수, X를 설명변수로 하여 선형회귀직선을 적합시켜 보고, 회귀계수에 대한 검정과 신뢰구간을 비모수적으로 구해 보자.

[표 10.3] 쌍둥이의 공격성에 관한 심리검사자료

쌍 번호	1	2	3	4	5	6	7	8	9	10	11	12
먼저 나온 쌍둥이(x)	86	71	77	68	91	72	77	91	70	71	88	87
나중 나온 쌍둥이(y)	88	77	76	64	96	72	65	90	65	80	81	72

쌍둥이의 공격성에 관한 **[표 10.3]**의 심리검사자료로부터

$$\sum_{i=1}^{12} x_i = 949, \quad \bar{x} = 79.1, \quad \sum_{i=1}^{12} x_i^2 = 75919$$
$$\sum_{i=1}^{12} y_i = 926, \quad \bar{y} = 77.2, \quad \sum_{i=1}^{12} x_i y_i = 73976$$

이므로, 최소제곱추정치는

$$\hat{\beta}_1 = \frac{\sum_{i=1}^{12}(x_i - \bar{x})(y_i - \bar{y})}{\sum_{i=1}^{12}(x_i - \bar{x})^2} = \frac{\sum_{i=1}^{12} x_i y_i - 12\bar{x}\,\bar{y}}{\sum_{i=1}^{12} x_i^2 - 12\bar{x}^2} = 0.83$$

$$\hat{\beta}_0 = \bar{y} - \hat{\beta}_1 \bar{x} = 11.55$$

이다. 따라서 적합된 최소제곱 회귀직선은

$$\hat{y} = 11.55 + 0.83\,x$$

이다.

다음에는 회귀계수 β_1에 관해 비모수적으로 검정하여 보자. 쌍둥이 관계로부터 회귀계수는 $\beta_1 = 1$로 생각하는 것이 자연스럽다. 따라서 검정을 위한 가설은

$$H_0 : \beta_1 = 1, \quad H_1 : \beta_1 \neq 1$$

으로 설정하고, 스피어맨의 순위상관계수 ρ를 이용하여 검정하여 보자. 다음의 **[표 10.4]**는 쌍둥이의 공격성 자료에 대한 잔차와 순위를 나타낸 표이다. 모든 관측자료 쌍 (x_i, y_i), $i = 1, \cdots, n$에 대해,

$$y_i - (1)x_i = u_i$$

를 계산한다. 여기서 u_i는 귀무가설 하에서의 잔차에 해당된다. 그런 다음, 새로운 자료 쌍 (x_i, u_i), $i = 1, \cdots, n$에 대한 스피어맨 순위상관계수 ρ를 계산하면

$$\rho = -0.1232$$

이다. [부록표 8]로부터 유의수준 5%에서의 양측 기각역은

$$|\rho| > 0.5804$$

이므로, 귀무가설이 기각되지 않는다.

[표 10.4] 쌍둥이의 공격성 자료에 대한 잔차와 순위

쌍 번호(i)	1	2	3	4	5	6	7	8	9	10	11	12
먼저 나온 쌍둥이(x_i)	86	71	77	68	91	72	77	91	70	71	88	87
나중 나온 쌍둥이(y_i)	88	77	76	64	96	72	65	90	65	80	81	72
잔차(u_i)	2	6	–1	–4	5	0	–12	–1	–5	9	–7	–15
x의 순위 : $R(x_i)$	8	3.5	6.5	1	11.5	5	6.5	11.5	2	3.5	10	9
잔차의 순위: $R(u_i)$	9	11	6.5	5	10	8	2	6.5	4	12	3	1

다음에는 회귀계수 β_1에 관한 비모수적 신뢰구간을 구해보자. 두 개씩의 이변량 관측자료 쌍

$$(x_i, y_i), (x_j, y_j) \quad (i < j, i, j = 1, \cdots, n), x_i \neq x_j$$

의 개수는 $N = 63$이므로, 63개의 '두 점 기울기' s_{ij}를 구할 수 있다. [부록표 9]에서 $n = 12$일 때 켄달 검정통계량 $T = P - Q$의 상위 2.5% 분위수는 $t_{.025} = 28$이므로, 다음의 수식

$$c = \frac{N - t_{\alpha/2}}{2}, \quad d = \frac{N + t_{\alpha/2}}{2} + 1$$

을 적용하면 $\alpha = 0.05$일 때 $c = 17$, $d = 47$이 얻어진다. 따라서 '두 점 기울기' s_{ij}의 17번째 순서통계량

$$s_{(17)} = 0.24$$

와 47번째 순서통계량

$$s_{(47)} = 1.48$$

을 이용하면, 회귀계수 β_1에 관한 95% 신뢰구간은

$$0.24 < \beta_1 < 1.48$$

으로 주어진다.

한편 '두 점 기울기' s_{ij}의 중위수는

$$s_{(med)} = 0.89$$

이고 이변량 관측자료 $(x_i,\ y_i)$, $i=1,\ \cdots,\ n$으로부터 계산된 두 측정값 x_i, y_i의 중위수는 각각

$$x_{med} = 77, \quad y_{med} = 76.5$$

이다. 이로부터 계산된 회귀계수의 로버스트 추정치 B_1, B_0는

$$\begin{aligned} B_1 &= s_{(med)} = 0.89 \\ B_0 &= y_{med} - B_1\, x_{med} = 76.5 - (0.89)77 = 7.97 \end{aligned}$$

이므로, 로버스트 추정에 의한 선형회귀식은

$$\hat{y} = 7.97 + 0.89x$$

이다. 이 선형회귀식은 최소제곱 선형회귀식과 비교되는 것으로 최소제곱 선형회귀식이 만족스럽지 못할 경우 이에 대체하여 사용할 수 있다.

참고문헌

1. 송문섭, 박창순(1996), 『비모수통계학개론』, 자유아카데미
2. 송일성(1990), 『SPSS/PC+ 기초통계분석』, 자유아카데미
3. 이재창 외(2000), 『컴퓨터를 활용한 통계학』, 법경출판사
4. 이재창, 송일성(1990), 『SAS 비모수통계분석』, 자유아카데미
5. 최종후, 한상훈(2004), 『JMP 길잡이』, 교우사
6. 허명회(2002), 『사회과학을 위한 다변량자료분석』, 자유아카데미
7. Conover, W.J.(1980), *Practical Nonparametric Statistics*, 2nd ed., Wiley, New York
8. Daniel, W.W.(1978), *Applied Nonparametric Statistics*, Houghton Mifflin, Boston
9. Hollander, M. and Wolfe, D.A.(1973), *Nonparametric Statistical Methods*, Wiley, New York
10. Lehmann, E.L.(1975), *Nonparametrics: Statistical Methods based on Ranks*, Holden-Day, San Francisco
11. Mosteller, F. and Rourke, R.E.K.(1973), *Sturdy Statistics: Nonparametrics and Order Statistics*, Addison-Wesley, London
12. SAS Institute(2002), *JMP-Statistics and Graphics Guide*, Version 5, SAS Institute Inc., Cary

부록 1 JMP 사용법

1. JMP의 설치 및 시작

통계소프트웨어 JMP는 윈도우 98 Second Edition 및 그 이후 버전의 운영체제에서 작동이 가능하다. JMP 버전 5.0 CD를 CD드라이브에 삽입하면 설치작업이 자동으로 실행된다. 설치마법사의 지시에 따라 설치를 완료하면 실행파일이 들어 있는 JMP폴더와 함께 바탕화면에 JMP아이콘이 생성된다.

JMP를 시작하기 위해서는 윈도우 작업표시줄에서 [시작>프로그램>JMP5>JMP5]를 클릭하든가 또는 바탕화면의 JMP아이콘을 더블클릭한다. 그러면 JMP가 구동되며 다음의 **[그림 1]**과 같은 초기화면이 나타난다.

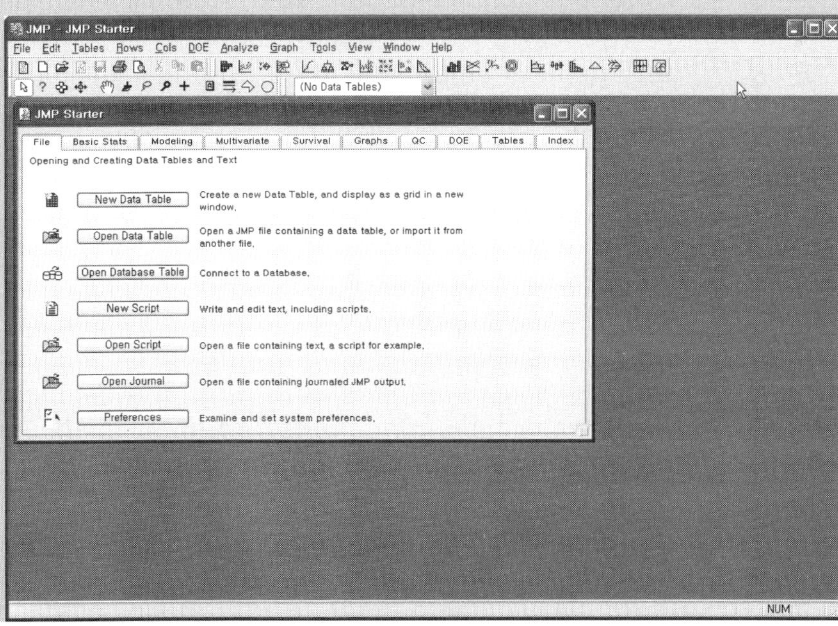

[그림 1] 초기화면

JMP의 수행과 관련된 주요 윈도우에는 JMP Starter 윈도우, Data Table 윈도우 및 Analysis 윈도우(플랫폼)가 있다.

JMP Starter 윈도우

프로그램을 처음 시작할 때 나오는 윈도우로서, 모든 명령과 작업처리를 이 윈도우 안에서 실행할 수 있다. **[그림 2]**는 JMP Starter 윈도우 화면이다.

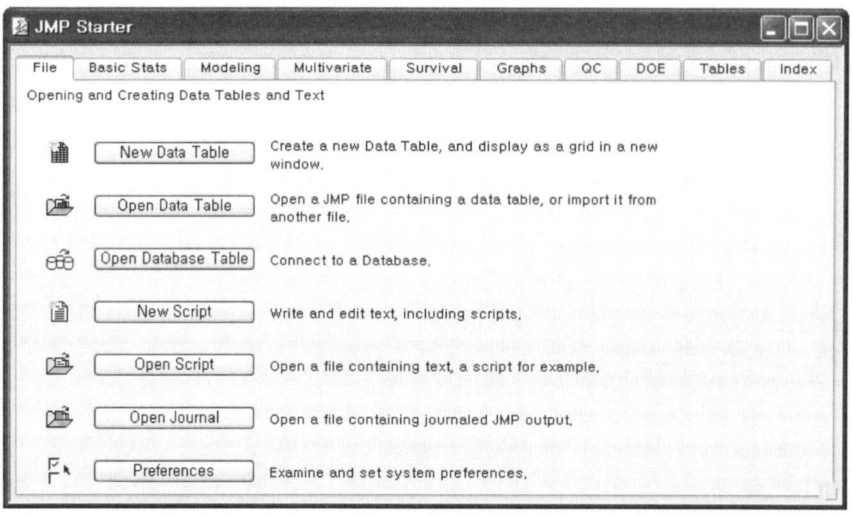

[그림 2] JMP Starter 윈도우

Data Table 윈도우

분석에 사용될 데이터를 직접 입력하거나 기존의 데이터파일을 불러오기 위한 윈도우로서, **[그림 3]**은 데이터 입력이 완성된 상태의 [Data Table 윈도우]를 보여준다. 여기서 데이터는 셀 단위로 입력한다.

Analysis 윈도우(플랫폼)

분석결과가 나오는 윈도우로서, 여기서 추가적인 분석도 가능하다. 다음의 **[그림 4]**는 신장(height)과 체중(weight)의 이변량 플롯 결과를 보여주는 [Analysis 윈도우]를 나타낸다.

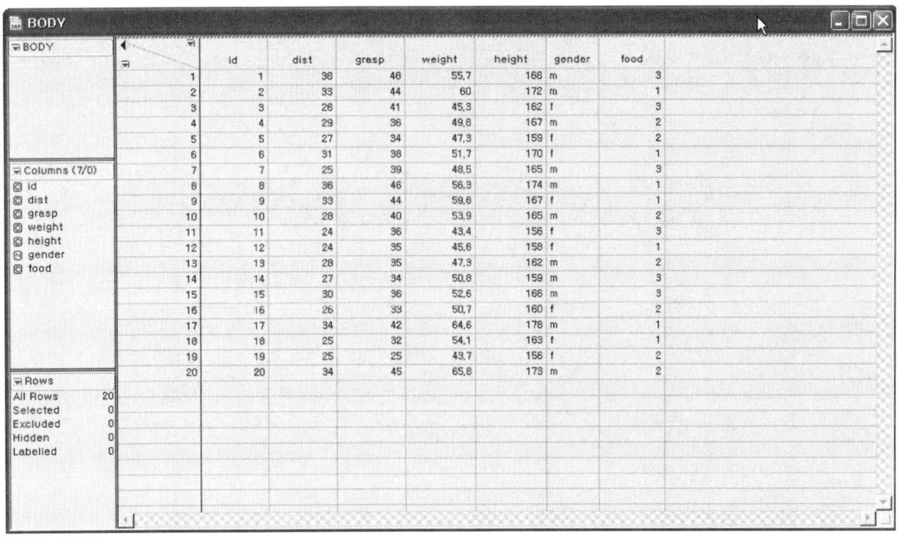

	id	dist	grasp	weight	height	gender	food
1	1	36	48	55,7	168	m	3
2	2	33	44	60	172	m	1
3	3	26	41	45,3	162	f	3
4	4	29	36	49,8	167	m	2
5	5	27	34	47,3	159	f	2
6	6	31	38	51,7	170	f	1
7	7	25	39	48,5	165	m	3
8	8	36	46	56,3	174	m	1
9	9	33	44	59,6	167	f	1
10	10	28	40	53,9	165	m	2
11	11	24	36	43,4	156	f	3
12	12	24	35	45,6	158	f	1
13	13	28	35	47,3	162	m	2
14	14	27	34	50,8	159	m	3
15	15	30	36	52,6	166	m	3
16	16	26	33	50,7	160	f	2
17	17	34	42	64,6	178	m	1
18	18	25	32	54,1	163	f	1
19	19	25	25	43,7	156	f	2
20	20	34	45	65,8	173	m	2

[그림 3] Data Table 윈도우

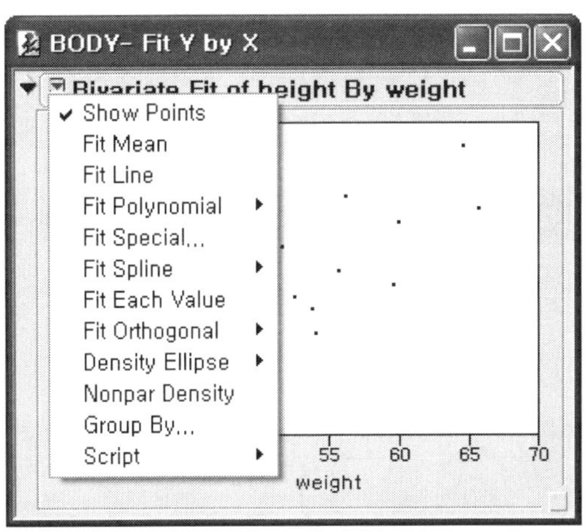

[그림 4] Analysis 윈도우

2. 자료편집 및 파일 저장하기/불러오기

JMP를 시작한 후 나타난 초기화면의 [JMP Starter 윈도우]에서(**[그림 2]**참조) [New Data Table]단추를 클릭하면, **[그림 3]**의 [Data Table 윈도우]가 공백상태로 나타난다. 여기서 다음의 방법에 따라 열(변수) 단위로 데이터를 입력한다.

1. **[그림 5]**와 같은 공백상태의 [Data Table 윈도우]에서 Column 1을 선택하여 반전시킨다.

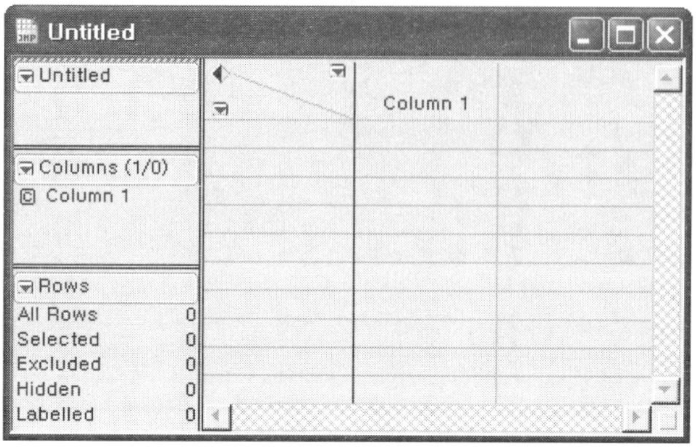

[그림 5] 공백상태의 Data Table 윈도우

2. 메인메뉴의 [Cols>Column info...]를 클릭하면 **[그림 6]**과 같은 변수정보를 입력하기 위한 대화상자가 나타난다.

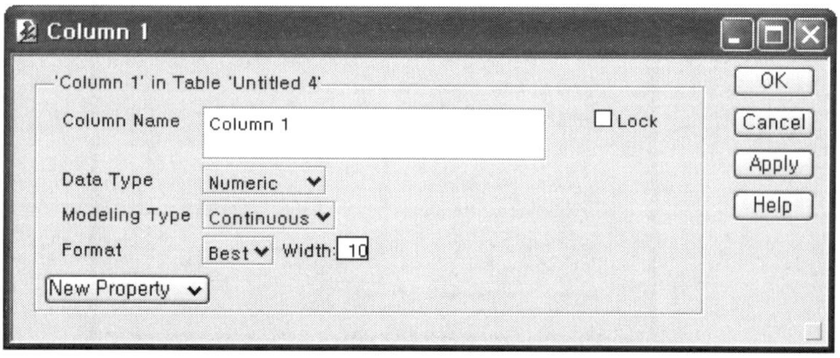

[그림 6] 변수정보 입력대화상자

3. 변수정보 입력대화상자에서

   변수이름(Col Name)
   변수형태(Data Type): 숫자형(numeric), 문자형(character)
   변수척도(Modelling Type): 연속형(continuous), 순서형(ordinal), 명목형(nominal)
   을 입력한 후, 확인(OK)을 클릭하여 [Data Table 윈도우]로 복귀한다.

4. 해당열(변수)에 자료를 셀단위로 입력한다.

5. 두 번째 열(변수) 이후의 자료를 입력하기 위해 메인메뉴의 [Cols>New Columns...]를 클릭하면, 새로운 열(변수)에 대한 변수정보 입력대화상자가 나타난다. 여기서 번호 3~4의 방식으로 자료를 입력하면, 분석하고자 하는 데이터테이블(파일)이 완성된다.

6. 초기의 데이터테이블(파일)명은 Untitled로 되어 있으나, [Data Table 윈도우(Untitled)] 왼쪽 상단의 [Untitled]판넬을 더블클릭한 후 파일 이름을 입력하여 새로운 파일명으로 바꿀 수 있다.

7. **[표 1]**의 학생 체력검사 데이터를 입력하여 BODY라는 데이터테이블(파일)을 만들어 보자.

[표 1] 체력검사 데이터

id	shotput	grip	weight	height	gender	food
1	38	48	55.7	168	m	3
2	33	44	60.0	172	m	1
3	26	41	45.3	162	f	3
4	29	36	49.8	167	m	2
5	27	34	47.3	159	f	2
6	31	38	51.7	170	f	1
7	25	39	48.5	165	m	3
8	36	46	56.3	174	m	1
9	33	44	59.6	167	f	1
10	28	40	53.9	165	m	2
11	24	36	43.4	156	f	3
12	24	35	45.6	158	f	1
13	28	35	47.3	162	m	2
14	27	34	50.8	159	m	3
15	30	36	52.6	166	m	3
16	26	33	50.7	160	f	2
17	34	42	64.6	178	m	1
18	25	32	54.1	163	f	1
19	25	25	43.7	156	f	2
20	34	45	65.8	173	m	2

다음에는 데이터테이블에 있는 기존의 변수들을 조작하여 새로운 변수를 만드는 방법에 대해 알아보자. 예를 들어 데이터테이블에 있는 신장(height) 변수를 표준화하여 새로운 열(변수) std_ht를 추가하여 보자. 메인메뉴의 [Cols>New Columns...]를 클릭한 후, **[그림 7]**의 변수정보 입력대화상자에서 변수명(Col Name)에 std_ht를 입력하고, 변수형태(Data Type)는 Numeric, 변수척도(Modelling Type)는 Continuous를 선택한다. 그 다음 [New Property]단추를 클릭하여 생기는 목록 중 [Formula]를 선택한 후, [OK]단추를 클릭한다. [Formula]선택 후 생기는 **[그림 8]**의 [공식편집기 윈도우]에서 좌측의 [Table Columns]상자 목록 중 기존 변수 height를 선택한다. 중앙부의 계산기 패드와 우측의 [functions]상자 목록 중 [Statistical]을 이용하여 표준화변수 std_ht를 생성한다. 마지막으로 [확인(OK)]단추를 클릭하면, 데이터테이블에 새로운 변수 std_ht가 추가로 생성된 것을 확인할 수 있다.

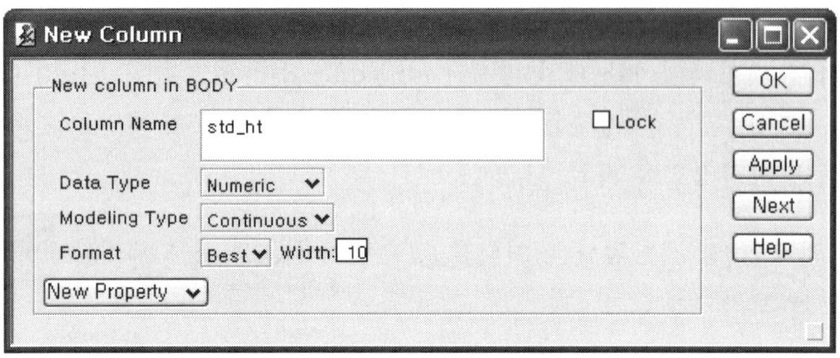

[그림 7] 새로운 변수 추가를 위한 변수정보 입력대화상자

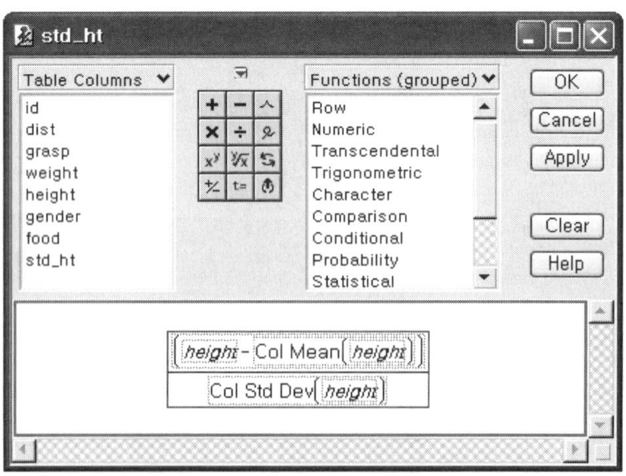

[그림 8] 공식편집기 윈도우

실행 중인 파일을 저장할 때는 메인메뉴의 [File>Save|Save AS...]를 이용한다. JMP에서 생성된 파일은 확장자가 *.jmp이다. 또한 이전에 만들어진 파일을 불러오기 위해서는 메인메뉴의 [File>Open...]을 이용하면 된다. 여기서 지원되는 파일의 종류는 다음과 같다.

JMP 파일... *.jmp
SAS 데이터셋... *.SAS7BDAT, *.SSD
text 파일... *.txt, *.dat
엑셀 파일... *.xls
기타

3. JMP를 이용한 통계분석

[표 1]의 학생 체력검사 데이터가 저장된 파일 BODY.jmp를 불러오기 한 후, 변수 weight에 대한 기술통계량 및 줄기-잎 그림을 출력하여 보고, 가설검정을 실시해 보자. 먼저 메인메뉴에서 [Analyze>Distribution]을 선택하면 **[그림 9]**의 대화상자가 나타난다. 여기서 왼쪽의 [Select Columns]상자 목록 중 weight를 클릭한 후 가운데 위치한 [Y, Columns]단추를 클릭하면 weight가 [Y, Columns]단추 오른쪽의 상자에 보내진다. 다음으로 오른쪽의 [Action]상자 목록 중 [확인(OK)]단추를 클릭하면 기술통계가 출력된다. [Distribution]플랫폼에 출력된 변수 weight에 관련된 기술통계 결과는 **[그림 10]**과 같다.

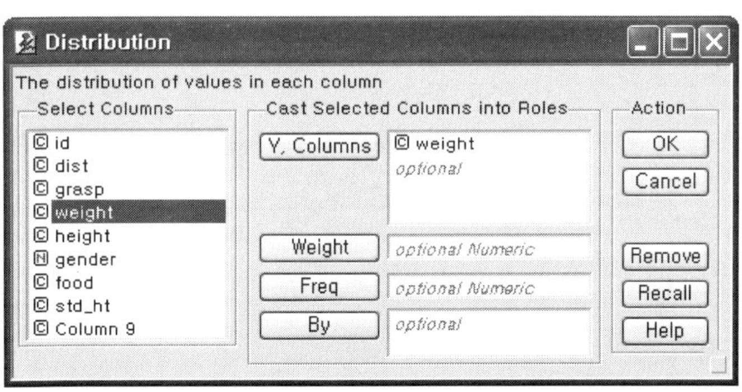

[그림 9] 기술통계를 위한 [Distribution]대화상자

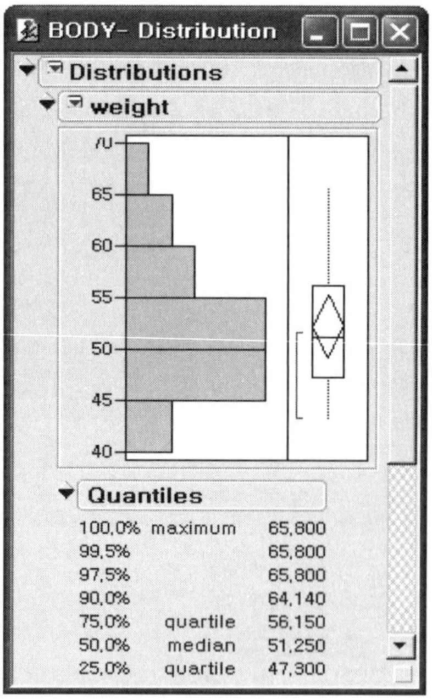

[그림 10] 기술통계 관련 [Distribution]플랫폼

[Distribution]플랫폼에서 추가적인 통계분석을 하기 위해서는 **[그림 11]**에서와 같이 weight 좌측 붉은 화살표를 클릭하여 추가분석을 위한 팝업메뉴를 얻는다. 팝업메뉴 중 [Stem and Leaf]를 선택하면, '줄기-잎 그림'이 **[그림 12]**와 같이 추가로 출력된다. 변수 weight에 관한 기술통계가 출력된 [Distribution]플랫폼에서, 추가분석을 통하여 다음의 가설

$$H_0 : \mu = 50, \qquad H_1 : \mu \neq 50$$

에 대해 검정할 수 있다. **[그림 11]**의 추가분석을 위한 팝업메뉴 중 [Test Mean]을 선택하면, 가설검정 결과가 **[그림 13]**과 같이 출력된다.

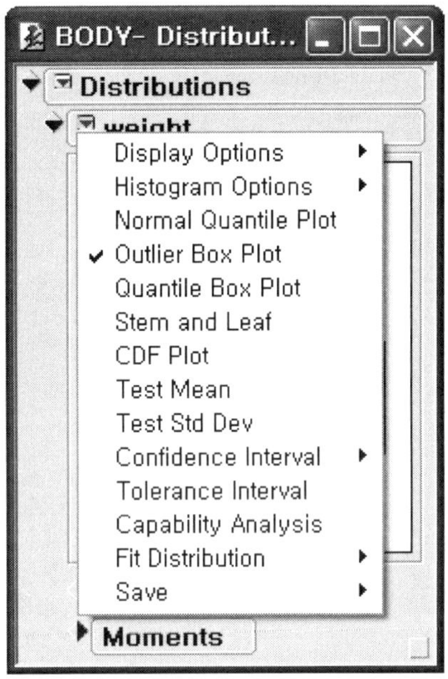

[그림 11] 추가분석을 위한 [Distribution]플랫폼의 팝업메뉴

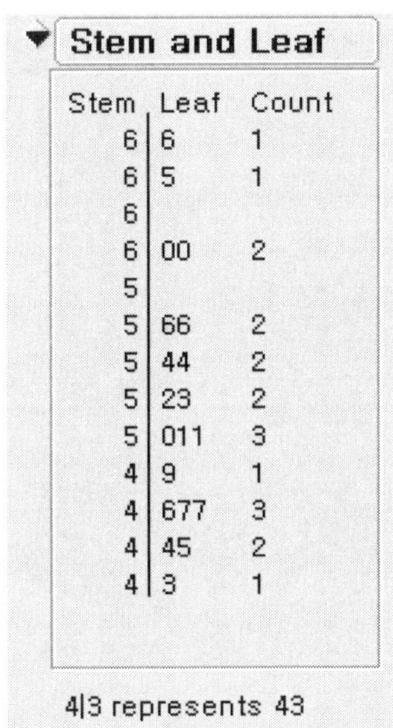

[그림 12] 줄기-잎 그림 결과 화면

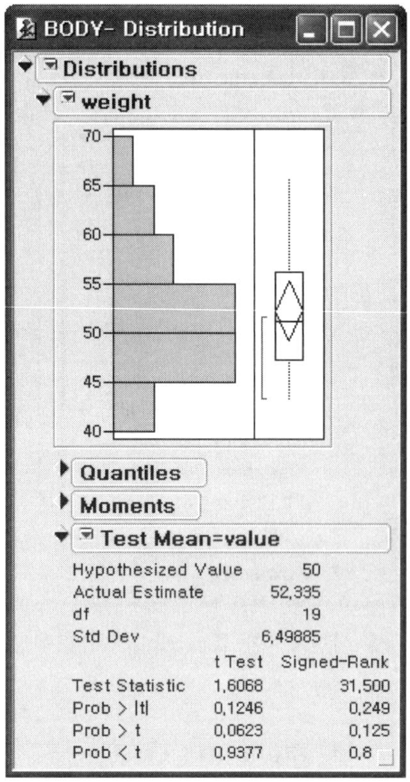

[그림 13] 모평균에 관한 가설검정 결과 화면

부록 2 통계분포표

부록표		
	1	표준정규분포표
	2	t-분포표
	3	카이제곱(χ^2)분포표
	4	F-분포표
	5	윌콕슨 순위합 검정통계량의 백분위수
	6	윌콕슨 부호순위 검정통계량의 백분위수
	7	크러스칼-왈리스 검정통계량의 백분위수
	8	스피어맨 검정통계량의 백분위수
	9	켄달 검정통계량의 백분위수
	10	콜모고로프 검정통계량의 백분위수

부록표. 1 표준정규분포표

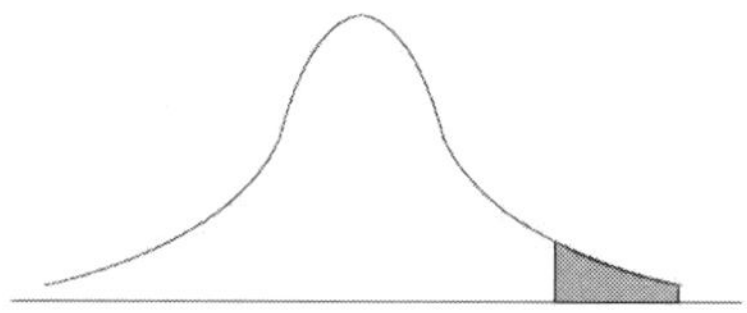

$$P[Z \geq z] = \int_z^{\infty} \frac{1}{\sqrt{2\pi}} e^{\frac{t^2}{2}} dt,\ \text{상위 100 } \alpha \text{ \% 분위수 } z_\alpha : P\{Z \geq z_\alpha\} = \alpha$$

z	.00	.01	.02	.03	.04	.05	.06	.07	.08	.09
0.0	.500	.496	.492	.488	.484	.480	.476	.472	.468	.464
0.1	.460	.456	.452	.448	.444	.440	.436	.433	.429	.425
0.2	.421	.417	.413	.409	.405	.401	.397	.394	.390	.386
0.3	.382	.378	.374	.371	.367	.363	.359	.356	.352	.348
0.4	.345	.341	.337	.334	.330	.326	.323	.319	.316	.312
0.5	.309	.305	.302	.298	.295	.291	.288	.284	.281	.278
0.6	.274	.271	.168	.264	.261	.258	.255	.251	.248	.245
0.7	.242	.239	.236	.233	.230	.227	.224	.221	.218	.215
0.8	.212	.209	.206	.203	.200	.198	.195	.192	.189	.187
0.9	.184	.181	.179	.176	.174	.171	.169	.166	.164	.161
1.0	.159	.156	.154	.152	.149	.147	.145	.142	.140	.138
1.1	.136	.133	.131	.129	.127	.125	.123	.121	.119	.117
1.2	.115	.113	.111	.109	.107	.106	.104	.102	.100	.099
1.3	.097	.095	.093	.092	.090	.089	.087	.085	.084	.082
1.4	.081	.079	.078	.076	.075	.074	.072	.071	.069	.068
1.5	.067	.066	.064	.063	.062	.061	.059	.058	.057	.056
1.6	.055	.054	.053	.052	.051	.049	.048	.047	.046	.046
1.7	.045	.044	.043	.042	.041	.040	.039	.038	.038	.037
1.8	.036	.035	.034	.034	.033	.032	.031	.031	.030	.029
1.9	.029	.028	.027	.027	.026	.026	.025	.024	.024	.023
2.0	.023	.022	.022	.021	.021	.020	.020	.019	.019	.018
2.1	.018	.017	.017	.017	.016	.016	.015	.015	.015	.014
2.2	.014	.014	.013	.013	.013	.012	.012	.012	.011	.011
2.3	.011	.010	.010	.010	.010	.009	.009	.009	.008	.008
2.4	.008	.008	.008	.008	.007	.007	.007	.007	.007	.006
2.5	.006	.006	.006	.006	.006	.005	.005	.005	.005	.005
2.6	.005	.005	.004	.004	.004	.004	.004	.004	.004	.004
2.7	.003	.003	.003	.003	.003	.003	.003	.003	.003	.003
2.8	.002	.002	.002	.002	.002	.002	.002	.002	.002	.002
2.9	.002	.002	.002	.002	.002	.002	.002	.001	.001	.001
3.0	.001	.001	.001	.001	.001	.001	.001	.001	.001	.001

부록표. 2 t-분포표

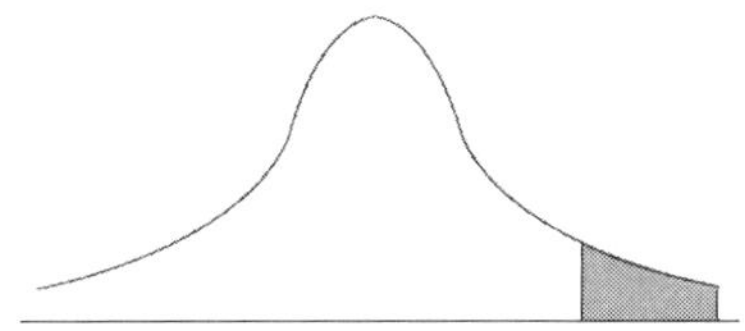

상위 100 α% 분위수 t_α : $P\{t \geq t_\alpha\} = \alpha$

d.f.	$t_{.25}$	$t_{.10}$	$t_{.05}$	$t_{.025}$	$t_{.010}$	$t_{.005}$	$t_{.0010}$
1	1.00	3.08	6.31	12.7	31.8	63.7	318
2	0.82	1.89	2.92	4.30	6.96	9.92	22.3
3	0.76	1.64	2.35	3.18	4.54	5.84	10.2
4	0.74	1.53	2.13	2.78	3.75	4.60	7.17
5	0.73	1.48	2.02	2.57	3.36	4.03	5.89
6	0.72	1.44	1.94	2.45	3.14	3.71	5.21
7	0.71	1.41	1.89	2.36	3.00	3.50	4.79
8	0.71	1.40	1.86	2.31	2.90	3.36	4.50
9	0.70	1.38	1.83	2.26	2.82	3.25	4.30
10	0.70	1.37	1.81	2.23	2.76	3.17	4.14
11	0.70	1.36	1.80	2.20	2.72	3.11	4.02
12	0.70	1.36	1.78	2.18	2.68	3.05	3.93
13	0.69	1.35	1.77	2.16	2.65	3.01	3.85
14	0.69	1.35	1.76	2.14	2.62	2.98	3.79
15	0.69	1.34	1.75	2.13	2.60	2.95	3.73
16	0.69	1.34	1.75	2.12	2.58	2.92	3.69
17	0.69	1.33	1.74	2.11	2.57	2.90	3.65
18	0.69	1.33	1.73	2.10	2.55	2.88	3.61
19	0.69	1.33	1.73	2.09	2.54	2.86	3.58
20	0.69	1.33	1.72	2.09	2.53	2.85	3.55
21	0.69	1.32	1.72	2.08	2.52	2.83	3.53
22	0.69	1.32	1.72	2.07	2.51	2.82	3.50
23	0.69	1.32	1.71	2.07	2.50	2.81	3.48
24	0.68	1.32	1.71	2.06	2.49	2.80	3.47
25	0.68	1.32	1.71	2.06	2.49	2.79	3.45
26	0.68	1.31	1.71	2.06	2.48	2.78	3.43
27	0.68	1.31	1.70	2.05	2.47	2.77	3.42
28	0.68	1.31	1.70	2.05	2.47	2.76	3.41
29	0.68	1.31	1.70	2.05	2.46	2.76	3.40
30	0.68	1.31	1.70	2.04	2.46	2.75	3.39
⋮	⋮	⋮	⋮	⋮	⋮	⋮	⋮
∞	$0.67 = Z_{.25}$	$1.28 = Z_{.10}$	$1.64 = Z_{.05}$	$1.96 = Z_{.025}$	$2.33 = Z_{.010}$	$2.58 = Z_{.005}$	$3.09 = Z_{.0010}$

부록표. 3 카이제곱(χ^2)분포표

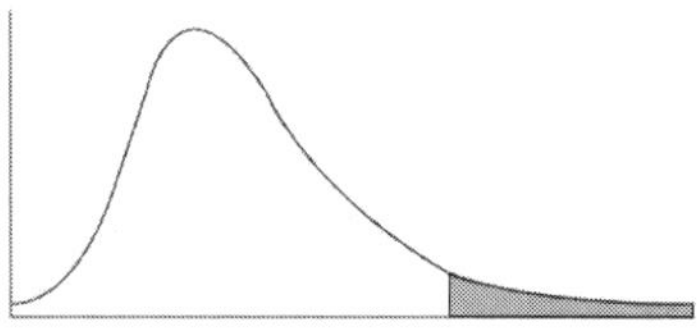

상위 100 α % 분위수 χ^2_α : $P\{\chi^2 \geq \chi^2_\alpha\} = \alpha$

d.f.	$x^2_{.99}$	$x^2_{.975}$	$x^2_{.95}$	$x^2_{.05}$	$x^2_{.025}$	$x^2_{.01}$
1	0.00	0.00	0.00	3.84	5.02	6.63
2	0.02	0.10	0.10	5.99	7.38	9.21
3	0.11	0.22	0.35	7.81	9.35	11.3
4	0.30	0.48	0.71	9.49	11.1	13.3
5	0.55	0.83	1.15	11.1	12.6	15.1
6	0.87	0.83	1.15	11.1	12.8	15.1
7	1.24	1.24	2.17	14.1	16.0	18.5
8	1.65	2.18	2.73	15.5	17.5	20.1
9	2.09	2.70	3.33	16.9	19.0	21.7
10	2.56	3.25	3.94	18.3	20.5	23.2
11	3.05	3.82	4.57	19.7	21.9	24.7
12	3.57	4.40	5.23	21.0	23.3	26.2
13	4.11	4.40	5.89	22.4	24.7	27.7
14	4.66	5.63	6.57	23.7	26.1	29.1
15	5.23	6.26	7.26	25.0	27.5	30.6
16	5.81	6.91	7.96	26.3	28.8	32.0
17	6.41	7.56	8.67	27.6	30.2	33.4
18	7.01	8.23	9.39	28.9	31.5	34.8
19	7.63	8.91	10.1	30.1	32.9	36.2
20	8.26	9.59	10.9	31.4	34.2	37.6
21	8.90	10.3	11.6	32.7	35.5	38.9
22	9.54	11.0	12.3	33.9	36.8	40.3
23	10.2	11.7	13.1	35.2	38.1	41.6
24	10.9	12.4	13.8	36.4	39.4	43.0
25	11.5	13.1	14.6	37.7	40.6	44.3
26	12.2	13.8	15.4	38.9	41.9	45.6
27	12.9	14.6	16.2	40.1	43.2	47.0
28	13.6	15.3	16.9	41.3	44.5	48.0
29	14.3	16.0	17.7	42.6	45.7	49.6
30	15.0	16.8	18.5	43.8	47.0	50.9
40	22.2	24.4	26.5	55.8	59.3	63.7
50	29.7	32.4	34.8	67.5	71.4	76.2
60	37.5	40.5	43.2	79.1	83.3	88.4
70	45.4	48.8	51.7	90.5	95.0	100

부록표. 4 F-분포표

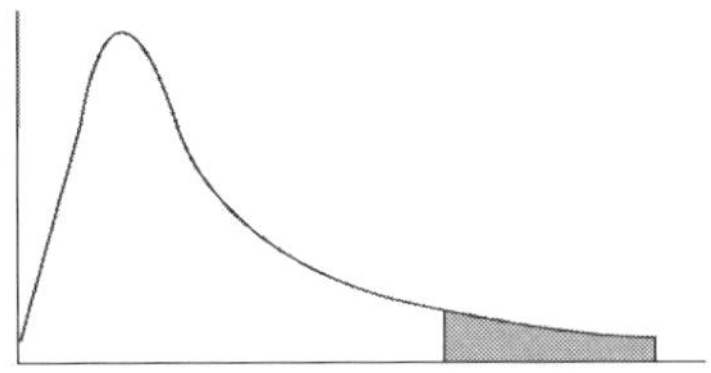

상위 100 α % 분위수 F_α : $P\{F \geq F_\alpha\} = \alpha$

분모의 자유도	α	분자의 자유도										
		1	2	3	4	5	6	8	10	20	40	∞
1	0.250	5.83	7.50	8.20	8.58	8.82	8.98	9.19	9.32	9.58	9.71	9.85
	0.100	39.9	49.5	53.6	55.8	57.2	58.2	59.4	60.2	61.7	62.5	63.3
	0.050	161	200	216	225	230	234	239	242	248	251	254
2	0.250	2.57	3.00	3.15	3.23	3.28	3.31	3.35	3.38	3.43	3.45	3.48
	0.100	8.53	9.00	9.16	9.24	9.29	9.33	9.37	9.39	9.44	9.47	9.49
	0.050	18.5	19.0	19.2	19.2	19.3	19.3	19.4	19.4	19.4	19.5	19.5
	0.025	38.5	39.0	39.2	39.3	39.3	39.3	39.4	39.4	39.5	39.5	39.5
	0.010	98.5	99.0	99.2	99.2	99.3	99.3	99.4	99.4	99.4	99.5	99.5
3	0.250	2.02	2.28	2.36	2.39	2.41	2.42	2.44	2.44	2.46	2.47	2.47
	0.100	5.54	5.46	5.39	2.39	2.41	2.42	2.44	2.44	2.46	2.47	2.47
	0.050	10.1	9.55	9.28	9.12	9.10	8.94	8.85	8.79	8.66	8.59	8.53
	0.025	17.4	16.0	15.4	15.1	14.9	14.7	14.5	14.4	14.2	14.0	13.9
	0.010	34.1	30.8	29.5	28.7	28.2	27.9	27.5	27.2	26.7	26.4	26.1
4	0.250	1.81	2.00	2.05	2.06	2.07	2.08	2.08	2.08	2.08	2.08	2.08
	0.100	4.54	4.32	4.19	4.11	4.05	4.01	3.95	3.92	3.84	3.80	3.76
	0.050	7.71	6.94	6.59	6.39	6.26	6.16	6.04	5.96	5.80	5.72	5.63
	0.025	12.2	10.7	9.93	9.60	9.36	9.20	8.98	8.84	8.56	8.41	8.26
	0.010	21.2	18.0	16.7	16.0	15.5	15.2	14.8	14.5	14.0	13.7	13.5

부록표. 4 (계속)

분모의 자유도	α	분자의 자유도										
		1	2	3	4	5	6	8	10	20	40	∞
5	0.250	1.69	1.85	1.88	1.89	1.89	1.89	1.89	1.89	1.88	1.88	1.87
	0.100	4.06	3.78	3.62	3.52	3.45	3.40	3.34	3.30	3.21	3.16	3.10
	0.050	6.61	5.79	5.41	5.19	5.05	4.95	4.82	4.74	4.56	4.46	4.36
	0.025	10.0	8.43	7.76	7.39	7.15	6.98	6.76	6.62	6.33	6.18	6.02
	0.010	16.3	13.3	12.1	11.4	11.0	10.7	10.3	10.1	9.55	9.29	9.02
6	0.250	1.62	1.76	1.78	1.79	1.79	1.78	1.77	1.77	1.76	1.75	1.74
	0.100	3.78	3.46	3.29	3.18	3.11	3.05	2.98	2.94	2.84	2.78	2.72
	0.050	5.99	5.14	4.76	4.53	4.39	4.28	4.15	4.06	3.78	3.77	3.67
	0.025	8.81	7.26	6.60	6.23	5.99	5.82	5.60	5.46	5.17	5.01	4.85
	0.010	13.7	10.9	9.78	9.15	8.75	8.47	8.10	7.87	7.40	7.14	6.88
7	0.25	1.57	1.70	1.72	1.72	1.71	1.71	1.70	1.69	1.67	1.66	1.65
	0.100	3.59	3.26	3.07	2.96	2.88	2.83	2.75	2.70	2.59	2.54	2.47
	0.050	5.59	4.74	4.35	4.12	3.97	3.87	3.73	3.64	3.44	3.34	3.23
	0.025	8.07	6.54	5.89	5.52	5.29	5.12	4.90	4.76	4.47	4.31	4.14
	0.010	12.2	9.55	8.45	7.85	7.46	7.19	6.84	6.62	6.16	5.19	5.65
8	0.250	1.54	1.66	1.67	1.66	1.66	1.65	1.64	1.63	1.61	1.59	1.58
	0.100	3.46	3.11	2.92	2.81	2.73	2.67	2.59	2.54	2.42	2.36	2.29
	0.050	5.32	4.46	4.07	3.84	3.69	3.58	3.44	3.35	3.15	3.04	2.93
	0.025	7.57	6.06	5.42	5.05	4.82	4.65	4.43	4.30	4.00	3.84	3.67
	0.010	11.3	8.65	7.59	7.01	6.63	6.37	6.03	5.81	5.36	5.12	4.86
9	0.250	1.51	1.62	1.63	1.63	1.62	1.61	1.60	1.59	1.56	1.55	1.53
	0.100	3.36	3.01	2.81	2.69	2.63	2.55	2.47	2.42	2.30	2.23	2.16
	0.050	5.12	4.26	3.86	3.63	3.48	3.37	3.23	3.14	2.94	2.83	2.71
	0.025	7.21	5.71	5.08	4.72	4.48	4.32	4.10	3.96	3.67	3.51	3.33
	0.010	10.6	8.02	6.99	6.42	6.06	5.80	5.47	5.26	4.81	4.57	4.31

부록표. 4 (계속)

분모의 자유도	α	분자의 자유도										
		1	2	3	4	5	6	8	10	20	40	∞
10	0.250	1.49	1.60	1.60	1.59	1.59	1.58	1.56	1.55	1.52	1.51	1.48
	0.100	3.28	2.92	2.73	2.61	2.52	2.46	2.38	2.32	2.20	2.13	2.06
	0.050	4.96	4.10	3.71	3.48	3.33	3.22	3.07	2.98	2.77	2.66	2.54
	0.025	6.94	5.46	4.83	4.47	4.24	4.07	3.85	3.72	3.42	3.25	3.08
	0.010	10.0	7.56	6.55	5.99	5.64	5.39	5.06	4.85	4.41	4.17	3.91
14	0.250	1.44	1.53	1.53	1.52	1.51	1.50	1.48	1.46	1.43	1.41	1.38
	0.100	3.10	2.73	2.52	2.39	2.31	2.24	2.15	2.10	1.96	1.89	1.80
	0.050	4.60	3.74	3.34	3.11	2.96	2.85	2.70	2.60	2.39	2.27	2.13
	0.025	6.30	4.86	4.24	3.89	3.66	3.50	3.29	3.18	2.84	2.67	2.49
	0.010	8.86	5.51	5.56	5.04	4.69	4.46	4.14	3.94	3.51	3.27	3.00
20	0.250	1.40	1.49	1.48	1.46	1.45	1.44	1.42	1.40	1.36	1.33	1.29
	0.100	2.97	2.59	2.38	2.25	2.16	2.09	2.00	1.94	1.79	1.71	1.61
	0.050	4.35	3.49	3.10	2.87	2.71	2.60	2.45	2.35	2.12	1.99	1.84
	0.025	5.87	4.46	3.86	3.51	3.29	3.13	2.91	2.77	2.46	2.29	2.09
	0.010	8.10	2.85	4.94	4.43	4.10	3.87	3.56	3.37	2.94	2.69	2.42
60	0.250	1.35	1.42	1.41	1.39	1.37	1.35	1.32	1.30	1.25	1.21	1.15
	0.100	2.79	2.39	2.18	2.04	1.95	1.87	1.77	1.71	1.54	1.44	1.29
	0.050	4.00	3.15	2.76	2.53	2.37	2.25	2.10	1.99	1.75	1.59	1.39
	0.025	5.29	3.93	3.34	3.01	2.79	2.63	2.41	2.27	1.94	1.74	1.48
	0.010	7.08	4.98	4.13	3.65	3.34	3.12	2.82	2.63	2.20	1.94	1.60
∞	0.250	1.32	1.39	1.37	1.35	1.33	1.31	1.28	1.25	1.19	1.14	1.00
	0.100	2.71	2.30	2.08	1.94	1.85	1.77	1.67	1.60	1.42	1.30	1.00
	0.050	3.84	3.00	2.60	2.37	2.21	2.10	1.94	1.83	1.57	1.39	1.00
	0.025	5.02	3.69	3.12	2.79	2.57	2.41	2.19	2.05	1.71	1.48	1.00
	0.010	6.63	4.61	3.78	3.32	3.02	2.80	2.51	2.32	1.88	1.59	1.00

부록표. 5 윌콕슨 순위합 검정통계량의 백분위수

n	m	가장 근접한 확률수준							
		0.10		0.05		0.025		0.005	
3	3	(7, 14)	.1000	(6, 15)	.0500				
	4	(7, 17)	.0571	(6, 18)	.0286				
		(8, 16)	.1143	(7, 17)	.0571	(6, 18)	.0286		
	5	(8, 19)	.0714	(7, 20)	.0357	(6, 21)	.0179		
		(9, 18)	.1250	(8, 19)	.0714	(7, 20)	.0357		
	6	(9, 21)	.0833	(8, 22)	.0476	(7, 23)	.0238		
		(10, 20)	.1310	(9, 21)	.0833	(8, 22)	.0476	(6, 24)	.0119
	7	(10, 23)	.0917	(8, 25)	.0333	(7, 26)	.0167		
		(11. 22)	.1333	(9, 24)	.0583	(8, 25)	.0333	(6, 27)	.0083
	8	(11, 25)	.0970	(9, 27)	.0424	(8, 28)	.0242		
		(12, 24)	.1394	(10, 26)	.0667	(9, 27)	.0424	(6, 30)	.0061
4	4	(12, 24)	.0571	(11, 25)	.0286	(10, 26)	.0143		
		(13, 23)	.1000	(12, 24)	.0571	(11, 25)	.0286	(10, 26)	.0143
		(14, 22)	.1714						
	5	(14, 26)	.0952	(12, 28)	.0317	(11, 29)	.0159		
		(15, 25)	.1429	(13, 27)	.0556	(12, 28)	.0317	(10, 30)	.0079
	6	(15, 29)	.0857	(13, 31)	.0333	(12, 32)	.0190	(10, 34)	.0048
		(16, 28)	.1286	(14, 30)	.0571	(13, 31)	.0333	(11, 33)	.0095
	7	(16, 32)	.0818	(14, 34)	.0364	(13, 35)	.0212	(10, 38)	.0030
		(17, 31)	.1152	(15, 33)	.0545	(14, 34)	.0364	(11, 37)	.0061
	8	(17, 35)	.0768	(15, 37)	.0364	(14, 38)	.0242	(11, 41)	.0040
		(18, 34)	.1071	(16, 36)	.0545	(15, 37)	.0364	(12, 40)	.0081

X-표본이 m개, Y-표본이 n개 일 때($n \le m$), 순위합 검정통계량 W는 Y-표본의 순위합이다.

표 사용 예 $m = 7$, $n = 3$일 때, $\alpha = 0.05$ 근방의 단측 임계값은 다음과 같다.

$$P(W \le 9) = P(W \ge 24) = 0.0583$$

부록표. 5 (계속)

n	m	가장 근접한 확률수준							
		0.10		0.05		0.025		0.005	
5	5	(20, 35)	.0754	(19, 36)	.0476	(17, 38)	.0159	(15, 40)	.0040
		(21, 34)	.1111	(20, 35)	.0754	(18, 37)	.0278	(16, 39)	.0079
	6	(22, 38)	.0887	(20, 40)	.0411	(18, 42)	.0152	(16, 44)	.0043
		(23, 37)	.1234	(21, 39)	.0628	(19, 41)	.0260	(17, 43)	.0087
	7	(23, 42)	.0745	(21, 44)	.0366	(20, 45)	.0240	(16, 49)	.0025
		(24, 41)	.1010	(22, 43)	.0530	(21, 44)	.0366	(17, 48)	.0051
	8	(25, 45)	.0855	(23, 47)	.0466	(21, 49)	.0225	(17, 53)	.0031
		(26, 44)	.1111	(24, 46)	.0637	(22, 48)	.0326	(18, 52)	.0054
6	6	(30, 48)	.0898	(28, 50)	.0465	(26, 52)	.0206	(23, 55)	.0043
		(31, 47)	.1201	(29, 49)	.0660	(27, 51)	.0325	(24, 54)	.0076
	7	(32, 52)	.0903	(29, 55)	.0367	(27, 57)	.0175	(24, 60)	.0041
		(33, 51)	.1171	(30, 54)	.0507	(28, 56)	.0256	(25, 59)	.0070
	8	(34, 56)	.0906	(31, 59)	.0406	(29, 61)	.0213	(25, 65)	.0040
		(35, 55)	.1142	(32, 58)	.0539	(30, 60)	.0296	(26, 64)	.0063
7	7	(41, 64)	.0825	(39, 66)	.0487	(36, 69)	.0189	(32, 73)	.0035
		(42, 63)	1043	(40, 65)	.0641	(37, 68)	.0265	(33, 72)	.0055
	8	(44, 68)	.0946	(41, 71)	.0469	(38, 74)	.0200	(34, 78)	.0047
		(45, 67)	.1159	(42, 70)	.0603	(39, 73)	.0270	(35, 77)	.0070
8	8	(55, 81)	.0974	(51, 85)	.0415	(49, 87)	.0249	(43, 93)	.0035
		(56, 80)	.1172	(52, 84)	.0524	(50, 86)	.0325	(44, 92)	.0052

부록표. 6 윌콕슨 부호순위 검정통계량의 백분위수

n	상위 p 분위수									$\frac{n(n+1)}{2}$
	$w_{0.005}$	$w_{0.01}$	$w_{0.025}$	$w_{0.05}$	$w_{0.10}$	$w_{0.20}$	$w_{0.30}$	$w_{0.40}$	$w_{0.50}$	
4	10	10	10	10	9	7	7	6	5	10
5	15	15	15	14	12	11	10	9	7.5	15
6	21	21	20	18	17	15	13	12	10.5	21
7	28	27	25	24	22	19	17	16	14	28
8	35	34	32	30	27	24	22	20	18	36
9	43	41	39	36	34	30	27	25	22.5	45
10	51	49	46	44	40	36	33	30	27.5	55
11	60	58	55	52	48	43	39	36	33	66
12	70	68	64	60	56	50	46	42	39	78
13	81	78	73	69	64	58	53	49	45.5	91
14	92	89	83	79	73	66	61	57	52.5	105
15	104	100	94	89	83	75	69	65	60	120
16	116	112	106	100	93	85	78	73	68	136
17	129	126	118	111	104	95	88	82	76.5	153
18	143	138	130	123	115	105	98	91	85.5	171
19	157	152	143	136	127	116	108	101	95	190
20	172	166	157	149	140	127	119	112	105	210
25	256	248	235	224	211	194	182	172	162.5	325
30	355	344	327	313	295	274	258	245	232.5	465
35	470	455	434	416	394	367	347	331	315	630
40	599	581	555	533	506	473	449	429	410	820
45	743	722	691	663	632	593	564	540	517.5	1035
50	901	877	840	808	771	725	692	664	637.5	1275

칸의 값 $w_p(p \leq 0.50)$는 부호순위 검정통계량 W^+의 상위 p분위수이다. $p \geq 0.50$에 대한 상위 p분위수 w_p는 다음의 공식

$$w_p = n(n+1)/2 - w_{1-p}$$

으로 계산할 수 있다. 귀무가설이 참일 때, $P(W^+ > w_p) \leq p$이고 $P(W^+ < w_p) \leq 1-p$이다.

부록표. 7 크러스칼-왈리스 검정통계량의 백분위수

표본크기	상위 p 분위수		
	$h_{0.10}$	$h_{0.05}$	$h_{0.01}$
2, 2, 2	3.7143	4.5714	4.5714
3, 2, 1	3.8571	4.2857	4.2857
3, 2, 2	4.4643	4.5000	5.3571
3, 3, 1	4.0000	4.5714	5.1429
3, 3, 2	4.2500	5.1389	6.2500
3, 3, 3	4.6000	5.0667	6.4889
4, 2, 1	4.0179	4.8214	4.8214
4, 2, 2	4.1667	5.1250	6.0000
4, 3, 1	3.8889	5.0000	5.8333
4, 3, 2	4.4444	5.4000	6.3000
4, 3, 3	4.7000	5.7273	6.7091
4, 4, 1	4.0667	4.8667	6.1667
4, 4, 2	4.4455	5.2364	6.8727
4, 4, 3	4.7730	5.5758	7.1364
4, 4, 4	4.5000	5.6538	7.5385
5, 2, 1	4.0500	4.4500	5.2500
5, 2, 2	4.2933	5.0400	6.1333
5, 3, 1	3.8400	4.8711	6.4000
5, 3, 2	4.4946	5.1055	6.8218
5, 3, 3	4.4121	5.5152	6.9818
5, 4, 1	3.9600	4.8600	6.8400
5, 4, 2	4.5182	5.2682	7.1182
5, 4, 3	4.5231	5.6308	7.3949
5, 4, 4	4.6187	5.6176	7.7440
5, 5, 1	4.0364	4.9091	6.8364
5, 5, 2	4.5077	5.2462	7.2692
5, 5, 3	4.5363	5.6264	7.5429
5, 5, 4	4.5200	5.6429	7.7914
5, 5, 5	4.5000	5.6600	7.9800

해당 표본크기에서 관측값으로 계산한 크러스칼-왈리스 검정통계량 H의 값이 h_α를 초과하면 유의수준 α에서 귀무가설을 기각한다.

부록표. 8 스피어맨 검정통계량의 백분위수

n	상위 p 분위수					
	$w_{0.100}$	$w_{0.050}$	$w_{0.025}$	$w_{0.010}$	$w_{0.005}$	$w_{0.001}$
4	.8000	.8000				
5	.7000	.8000	.9000	.9000		
6	.6000	.7714	.8286	.8857	.9429	
7	.5357	.6786	.7450	.8571	.8929	.9643
8	.5000	.6190	.7143	.8095	.8571	.9286
9	.4667	.5833	.6833	.7667	.8167	.9000
10	.4424	.5515	.6364	.7333	.7818	.8667
11	.4182	.5273	.6091	.7000	.7455	.8364
12	.3986	.4965	.5804	.6713	.7273	.8182
13	.3791	.4780	.5549	.6429	.6878	.7912
14	.3626	.4593	.5341	.6220	.6747	.7670
15	.3500	.4429	.5179	.6000	.6536	.7464
16	.3382	.4265	.5000	.5824	.6324	.7265
17	.3260	.4118	.4853	.5637	.6152	.7083
18	.3148	.3994	.4716	.5480	.5975	.6904
19	.3070	.3895	.4579	.5333	.5825	.6737
20	.2977	.3789	.4451	.5203	.5684	.6586
21	.2909	.3688	.4351	.5078	.5545	.6455
22	.2829	.3597	.4241	.4963	.5426	.6318
23	.2767	.3518	.4150	.4852	.5306	.6186
24	.2704	.3435	.4061	.4748	.5200	.6070
25	.2646	.3362	.3977	.4654	.5100	.5962
26	.2588	.3299	.3894	.4564	.5002	.5856
27	.2540	.3236	.3822	.4481	.4915	.5757
28	.2490	.3175	.3749	.4401	.4828	.5660
29	.2443	.3113	.3685	.4320	.4744	.5567
30	.2400	.3059	.3620	.4251	.4665	.5479

각 칸의 값은 스피어맨 순위상관계수 ρ가 검정통계량으로 사용될 때 상위 p분위수이다. 귀무가설이 참일 때 스피어맨 검정통계량 ρ의 중위수는 영이므로, $w_{1-p} = -w_p$이다.

부록표. 9 켄달 검정통계량의 백분위수

n	상위 p 분위수				
	$t_{0.100}$	$t_{0.050}$	$t_{0.025}$	$t_{0.010}$	$t_{0.005}$
4	4	4	6	6	6
5	6	6	8	8	10
6	7	9	11	11	13
7	9	11	13	15	17
8	10	14	16	18	20
9	12	16	18	22	24
10	15	19	21	25	27
11	17	21	25	29	31
12	18	24	28	34	36
13	22	26	32	38	42
14	23	31	35	41	45
15	27	33	39	47	51
16	28	36	44	50	56
17	32	40	48	56	62
18	35	43	51	61	67
19	37	47	55	65	73
20	40	50	60	70	78
21	42	54	64	76	84
22	45	59	69	81	89
23	49	63	73	87	97
24	52	66	78	92	102
25	56	70	84	98	108
26	59	75	89	105	115
27	61	79	93	111	123
28	66	84	98	116	128
29	68	88	104	124	136
30	73	93	109	129	143

각 칸의 값은 켄달 검정통계량 $T = P - Q$의 상위 p분위수이다. 귀무가설이 참일 때 켄달 검정통계량 T의 중위수는 영이므로, $t_{1-p} = -t_p$이다.

부록표. 9 (계속)

n	상위 p 분위수				
	$t_{0.100}$	$t_{0.050}$	$t_{0.025}$	$t_{0.010}$	$t_{0.005}$
31	75	97	115	135	149
32	80	102	120	142	158
33	84	106	126	150	164
34	87	111	131	155	173
35	91	115	137	163	179
36	94	120	144	170	188
37	98	126	150	176	196
38	103	131	155	183	203
39	107	137	161	191	211
40	110	142	168	198	220
41	114	146	174	206	228
42	119	151	181	213	235
43	123	157	187	221	245
44	128	162	194	228	252
45	132	168	200	236	262
46	135	173	207	245	271
47	141	179	213	253	279
48	144	186	220	260	288
49	150	190	228	268	296
50	153	197	233	277	305
51	159	203	241	285	315
52	162	208	248	294	324
53	168	214	256	302	334
54	173	221	263	311	343
55	177	227	269	319	353
56	182	232	276	328	362
57	186	240	284	336	372
58	191	245	291	345	381
59	197	251	299	355	391
60	202	258	306	364	402

부록표. 10 콜모고로프 검정통계량의 백분위수

n	상위 p 분위수					n	상위 p 분위수				
	$d_{0.20}$	$d_{0.10}$	$d_{0.05}$	$d_{0.02}$	$d_{0.01}$		$d_{0.20}$	$d_{0.10}$	$d_{0.05}$	$d_{0.02}$	$d_{0.01}$
1	.900	.950	.975	.990	.995	21	.226	.259	.287	.321	.344
2	.684	.776	.842	.900	.929	22	.221	.253	.281	.314	.337
3	.565	.636	.708	.785	.829	23	.216	.247	.275	.307	.330
4	.493	.565	.624	.689	.734	24	.212	.242	.269	.301	.323
5	.447	.509	.563	.627	.669	25	.208	.238	.264	.295	.317
6	.410	.468	.519	.577	.617	26	.204	.233	.259	.290	.311
7	.381	.436	.483	.538	.576	27	.200	.229	.254	.284	.305
8	.358	.410	.454	.507	.542	28	.197	.225	.250	.279	.300
9	.339	.387	.430	.480	.513	29	.193	.221	.246	.275	.295
10	.323	.369	.409	.457	.489	30	.190	.218	.242	.270	.290
11	.308	.352	.391	.437	.468	31	.187	.214	.238	.266	.285
12	.296	.338	.375	.419	.449	32	.184	.211	.234	.262	.281
13	.285	.325	.361	.404	.432	33	.182	.208	.231	.258	.277
14	.275	.314	.349	.390	.418	34	.179	.205	.227	.254	.273
15	.266	.304	.338	.377	.404	35	.177	.202	.224	.251	.269
16	.258	.295	.327	.366	.392	36	.174	.199	.221	.247	.265
17	.250	.286	.318	.355	.381	37	.172	.196	.218	.244	.262
18	.244	.279	.309	.346	.371	38	.170	.194	.215	.241	.258
19	.237	.271	.301	.337	.361	39	.168	.191	.213	.238	.255
20	.232	.265	.294	.329	.352	40	.165	.189	.210	.235	.252
$n>40$일 때, d_p의 근사공식							$\frac{1.07}{\sqrt{n}}$	$\frac{1.22}{\sqrt{n}}$	$\frac{1.36}{\sqrt{n}}$	$\frac{1.52}{\sqrt{n}}$	$\frac{1.63}{\sqrt{n}}$

각 칸의 값은 콜모고로프 검정통계량 $D_n = \sup_x |F_0(x) - F_n(x)|$의 상위 p분위수이다. 표본크기가 n일 때, 관측값으로 계산한 콜모고로프 검정통계량 D_n의 값이 d_α를 초과하면 유의수준 α에서 귀무가설을 기각한다.

찾
아
보
기

찾 아 보 기

ㅇ

ㅈ

ㅊ

ㅋ

ㅍ

ㅎ

송 일 성

고려대학교 이학박사 (통계학 전공)
현 : 성신여자대학교 통계학과 교수
E-mail : issong@sungshin.ac.kr

<주요저서>
SAS 비모수통계분석(공저)
SPSS/PC+ 기초통계분석
컴퓨터를 활용한 통계학(공저)
혼돈과 질서의 만남(공역)

JMP를 이용한
비모수 통계

2007년 8월 13일 초판 인쇄
2007년 8월 20일 초판 발행

저 자 / 송일성
발행자 / 오판근
발행처 / 교우사

주 소 / 서울 동대문구 제기2동 148-19
전 화 / 925-2861, 929-4865
팩 스 / 925-2860
E-mail / kw2861 @ chollian. net
http: // www. kyowoo. co. kr
등록 / 1994. 3. 24 제6-0256호

ISBN 978-89-8172-694-2 (94310)
978-89-8172-443-6 (세트번호)
값 **12,000**원